U0131670

朱之悌院士
学术思想研究

《朱之悌院士学术思想研究》编委会 编

中国林业出版社

图书在版编目（CIP）数据

朱之悌院士学术思想研究 /《朱之悌院士学术思想研究》编委会编 . —
北京 : 中国林业出版社 , 2022.10

ISBN 978-7-5219-1845-8

Ⅰ . ①朱… Ⅱ . ①朱… Ⅲ . ①林木 – 植物育种 – 研究 Ⅳ . ① S722.3

中国版本图书馆 CIP 数据核字（2022）第 158793 号

策划编辑：杜　娟　杨长峰
责任编辑：杜　娟　陈　惠　肖基浒
电　　话：（010）83143553

出版发行　中国林业出版社
（100009　北京市西城区刘海胡同 7 号）
书籍设计　北京美光设计制版有限公司
印　　刷　北京富诚彩色印刷有限公司
版　　次　2022 年 10 月第 1 版
印　　次　2022 年 10 月第 1 次印刷
开　　本　710mm × 1000mm 1/16
印　　张　13
字　　数　265 千字
定　　价　98.00 元

《北京林业大学学术思想文库》
编 委 会

《朱之悌院士学术思想研究》
编 委 会

出版说明

北京林业大学自1952年建校以来，已走过70年的辉煌历程。七十年栉风沐雨，砥砺奋进，学校始终与国家同呼吸、共命运，瞄准国家重大战略需求，全力支撑服务“国之大者”，始终牢记和践行为党育人、为国育才的初心使命，勇担“替河山装成锦绣、把国土绘成丹青”重任，描绘出一幅兴学报国、艰苦创业的绚丽画卷，为我国生态文明建设和林草事业高质量发展作出了卓越贡献。

先辈开启学脉，后辈初心不改。建校70年以来，北京林业大学先后为我国林草事业培养了20余万名优秀人才，其中包括以16名院士为杰出代表的大师级人物。他们具有坚定的理想信念，强烈的爱国情怀，理论功底深厚，专业知识扎实，善于发现科学问题并引领科学发展，勇于承担国家重大工程、重大科学任务，在我国林草事业发展的关键时间节点都发挥了重要作用，为实现我国林草科技重大创新、引领生态文明建设贡献了毕生心血。

为了全面、系统地总结以院士为代表的大师级人物的学术思想，把他们的科学思想、育人理念和创新技术记录下来、传承下去，为我国林草事业积累精神财富，为全面推动林草事业高质量发展提供有益借鉴，北京林业大学党委研究决定，在校庆70周年到来之际，成立《北京林业大学学术思想文库》编委会，组织编写体现我校学术思想内涵和特色的系列丛书，更好地传承大师的根和脉。

以习近平同志为核心的党中央以前所未有的力度抓生态文明建设，大力推进生态文明理论创新、实践创新、制度创新，创立了习近平生态文明思想，美丽中国建设迈出重大步伐，我国生态环境保护发生历史性、转折性、全局性变化。星光不负赶路人，江河眷顾奋楫者。站在新的历史方位上，以文库的形式出版学术思想著作，具有重大的理论现实意义和实践历史意义。大师即成就、大师即经验、大师即精神、大师即文化，大师是我校事业发展的宝贵财富，他们的成长历程反映了我校扎根中国大地办大学的发展轨迹，文库记载了他们从科研到管理、从思想到精神、从潜心治学到立德树人的生动案例。文库力求做到真实、客观、全面、生动地反映大师们的学术成就、科技成果、思想品格和育人理念，彰显大师学术思想精髓，有助于一代代林草人薪火相传。文库的出版对于培养林草人才、助推林草事业、铸造林草行业新的辉煌成就，将发挥“成就展示、铸魂育人、文化传承、学脉赓续”的良好效果。

文库是校史编撰重要组成部分，同时也是一个开放的学术平台，它将随着理论和实践的发展而不断丰富完善，增添新思想、新成员。它的出版必将大力弘扬“植绿报国”的北林精神，吸引更多的后辈热爱林草事业、投身林草事业、奉献林草事业，为建设扎根中国大地的世界一流林业大学接续奋斗，在实现第二个百年奋斗目标的伟大征程中作出更大贡献！

《北京林业大学学术思想文库》编委会

2022年9月

前　言

大学是探索和传播高深学问的场所。学科、学者、学生、学问是大学的核心构成，其中以教授尤其是学术大师为核心的学者们是学科和大学的基石。因此，“所谓大学者，非谓有大楼之谓也，有大师之谓也”。大师是大学谓之大者的标志。而大师与普通教授的根本差异就在于其科学研究过程中形成了系统而独到的学术思想。正是一位又一位大师学术思想的源远流长，成就了大学学术传承的深厚根基。

70年前，朱之悌随班由北京农业大学并入新成立的北京林学院，于1954年成为北京林学院第二届毕业生，并留校任教，直至成长为教授、院士。作为北京林业大学建校伊始学子的优秀代表，他终其一生瞄准国家林业发展急需解决的重大问题，长期坚持在河北、山东等良种基地开展毛白杨良种选育研究，创造性地完成了毛白杨基因资源收集与保存研究，攻克了毛白杨大规模无性繁殖的世界性难题，在世界上首次培育出速生质优的三倍体毛白杨新品种，提出并竭力推动“南桉北毛、黄河纸业”的三倍体毛白杨纸浆林产业化构想，先后得到了朱镕基、温家宝两任总理的重要批示，更受到了造纸企业的拥戴。直至生命最后岁月，他仍然坚持在造纸企业纸浆林基地指导育苗和造林，用实际行动诠释了“知山知水，树木树人”的校训，体现了“把精彩论文写在大地上”的深刻内涵。其爱国奉献、忠贞不渝的理想信念，潜心钻研、锐意进取的学术追求，笃行致远、砥砺奋进的拼搏精神，继往开来、育种育人的大师风范，作为“北林精神”的宝贵组分，成为激励我们的精神力量。

在即将迎来建校七十周年以及生物科学与技术学院建院二十五周年之际，系统回顾总结朱之悌院士的成长历程和学术成果，凝练大师学术思想，对于传承弘扬朱之悌院士的“白杨精神”、提升学院学术水平等，具有重要历史和现实意义。本书第一章、第七章由康向阳教授完成，回顾了朱之悌院士的生平和学术贡献，并对朱之悌院士学术思想进行了系统总结；第二章至第六章分别由李悦、杜庆章、王君、钮世辉、张平冬教授撰写，重点论证了朱之悌院士有关林木育种策略、毛白杨种质资源收集与利用、林木杂交与多倍体育种、幼化与良种繁育、三倍体毛白杨良种产业化等学术思想。本书凝练了朱之悌院士在毛白杨良种选育科技攻关和产业化实践中形成的“目标高远、战略缜密、技术独到、弘毅笃行”的学术思想要义，这是值得我们永远传承的宝贵财富。

本书在北京林业大学党委统一部署和领导下完成，学院党政机关联合林木遗传育种学科党支部，组织成立朱之悌大师学术思想研究室，开展了朱之悌大师学术思想研究工作，同时得到了北京林业大学科技处、宣传部以及中国林业出版社等单位的大力支持，在此一并致谢！

《朱之悌院士学术思想研究》编委会

2022年8月

目 录

第三章　百县选优，怀微虑远：毛白杨种质资源收集与利用学术思想

第四章　秉要执本，冰解的破：林木杂交与多倍体育种学术思想

第五章 幼化为基，袭故弥新：毛白杨无性繁殖与应用学术思想

图　录

第一章

忠贞实干，追求卓越：朱之悌院士传略

图 1-1　朱之悌与他培育的三倍体毛白杨

朱之悌（1929—2005年），湖南长沙人；林木育种学家，林木遗传育种学科开创者之一；1999年当选为中国工程院院士。1954年毕业于北京林学院，获农学学士学位；1961年毕业于莫斯科林学院，获副博士学位。曾为北京林业大学教授，林木遗传育种国家重点学科带头人，毛白杨研究所所长。曾任中国林学会林木遗传育种专业委员会副主任、林业部科技委委员、国家以及林业部科技进步奖与发明奖评委、《林业科学》编委等。他长期围绕国家急需的短周期工业用材新品种展开研究，创造了同一树种研究连续3次荣获国家科学技术进步奖二等奖的佳绩，主要包括：首次对毛白杨成年优树采取分部位采样、保存以及利用的策略，开展了基因资源收集、保存和利用研究，选育出一系列速生、优质的毛白杨绿化雄株和建筑材、胶合板材新品种；利用毛白杨天然2*n*花粉回交实现染色体部分替换和染色体加倍，成功地选育出一系列可短周期栽培的三倍体毛白杨，为解决我国北方造纸原料提供了优良品种；将幼化理论和组培快繁的思想巧妙应用于大田育苗之中，研究出毛白杨多圃配套系列育苗技术，攻克了白杨无性繁殖材料幼化及大规模扩繁的世界性技术难题；提出“南桉北毛、黄河纸业”的三倍体毛白杨产业化构想，竭力推动民族造纸木浆原料国产化进程等（图1-1）。

第一节

执着求学，立志于祖国林木良种选育事业

朱之悌，1929年10月1日出生于湖南省长沙县青山铺村一个知识分子家庭，为南宋著名理学家朱熹的后人。在影珠山、天华山环抱中的青山铺，南通长沙、北接岳阳，千百年来一直是长岳古道商贾歇脚、贸易之所。秀美的田园风光，淳朴善良的乡亲，以及殷实的家境，让生于乱世的朱之悌度过了一个快乐童年。然而，这快乐的时光并没有维持多久，1938年，岳阳被日军攻占，作为中国大后方的战略屏障重地，中国军队与日本侵略者在长沙先后进行了四次大规模战役。战火中的少年朱之悌随父母饱受颠沛流离之苦，也因此辍学多次。但由于家教甚严，在祖父和父亲的督促下，其间并未完全荒废学业，坚持到14岁时终于完成了小学阶段的学习。

1943年，朱之悌在长沙高仓中学开始了初中课程学习。1947年，他以优异的成绩考入湖南私立广益中学开始高中阶段的学习（图1-2）。他对在广益中学的学习十分赞赏，步入古稀之年时仍能说出一位位老师的名字。这是由于广益中学历来具有慎选良师、从严治校、艰苦朴实、注重学生全面发展的优良传统使然。“老师不仅教书，而且教人”“学生莫不尊

图 1-2　1948 年，高二时的朱之悌

图 1-3　1949 年，高三时的朱之悌

师敬道，师生情谊融洽、真诚”。朱之悌在广益中学勤奋好学，有疑问就向人请教。好问则裕，翻阅广益中学成绩档案，他的各科学习成绩均为优秀，物理、化学尤为突出。同班学友郭见扬至今仍记得：朱之悌能用一口流利的英语回答英语教师提问，同学们甚至不让他坐在前排，因为怕他一个人抢去了锻炼英语听、说的机会。

1949年8月4日，长沙和平解放。已满20岁的朱之悌转入湖南省立长沙高级中学高中学习（图1-3）。学校以“公、勇、勤、朴”为校训，鼓励学生敢想、敢说、敢做，注重学生的个性培养。在省立长沙高级中学的学习虽只有短短半年多时间，但对朱之悌的未来发展产生了较大影响。此时，伴随中华人民共和国成立而获得新生的省立第一中学，到处洋溢着勃勃生机，同学们激情满怀，憧憬着美好的未来。尤其是从苏联传来的“斯大林改造大自然计划”，“我们不能等待自然的恩赐，应该向它索取”，火红年代的火热召唤，强烈地激荡着朱之悌年轻的心。当填报大学志愿时，他毅然选择“培育新品种，改造大自然”作为自己未来奋斗的事业。1950年秋，朱之悌以高分考入武汉大学园艺系，2个月后，他离开武汉大学转入更符合自己志向的北京农业大学森林系就读，1952年随班并入新成立的北京林学院学习。

在大学期间，朱之悌经常聆听时任林业部部长梁希等林学家的报告，他倾倒于大师们的学识和品格，深感作为新中国林业人所担负的责任，更庆幸自己当初专业选择的正确。“替河山妆成锦绣，把国土绘成丹青”，已经确立人生奋斗目标的朱之悌全身心地投入到为新中国林业事业的学习之中。1954届同学（图1-4、图1-5）回忆他们的老班长朱之悌时，多为“勤奋、执着、聪慧”等赞誉之词，也有“固执、一根筋”等评价。凡事不甘落后，只要认准一个目标，就会克服重重困难而勇往直前，不达目的

图1-4 1954年5月2日，毕业留影（前排中央着白上衣的为朱之悌）

图1-5 2002年10月16日，朱之悌与沈国舫、李文华、王沙生、董乃钧、沈熙环等同学在北京林业大学50周年校庆活动的合影

决不罢休，当时的朱之悌已完全展露了一个典型的湖南人个性。当时学校临时安置在北京西山大觉寺，生活与教学条件十分艰苦，但并没有影响朱之悌的学习热情，课堂上朱之悌是提问最多的，参加教学实习和劳动也是冲在最前面的。1954年，朱之悌以优异的成绩毕业并留校任教。

朱之悌刚刚走上工作岗位，就赶上学校向新校址搬迁，他满怀激情

图 1-6 1961 年，朱之悌（右一）和王明庥与导师雅勃那阔夫院士夫妇合影

图 1-7 朱之悌的副博士论文《核桃嫁接成活机理和无性繁殖的研究》

地投入日常教学和迁校工作之中，其工作深受学校领导、老师和学生的好评，并于1956年3月被批准加入中国共产党。随后，朱之悌参加了国家组织的留苏选拔考试，并以优异的成绩被选派到莫斯科林学院留学。1957年11月，在经过近一年的俄语培训后，朱之悌来到莫斯科林学院雅勃那阔夫院士门下攻读林木育种研究生（图1-6）。在随后的四年留学生涯中，朱之悌克服了语言交流等重重障碍，心无旁骛地埋头苦读，以各科全优的成绩完成学位课程学习。1960年1月，朱之悌利用寒假回国与女友林惠斌结婚。而假期还没有结束，他就匆匆赶回了莫斯科，抓紧时间完成补充和验证实验，力求论文的每一个结论都准确无误，并开始着手撰写毕业论文。

1961年初，朱之悌在莫斯科林学院完成《核桃嫁接成活机理和无性繁殖的研究》的副博士论文答辩，其论文被苏联教育委员会批准正式出版，并被列为教学参考书（图1-7）。而论文研究中所取得的关于“核桃嫁接时单宁氧化缩合和蛋白质颗粒化沉淀导致的嫁接隔离层的形成是嫁接成活的障碍，而缩合物的还原和隔离层的消失又是嫁接成活的原因”等新进展，得到了当时莫斯科大学生物学院院长依沙耶夫教授和莫斯科林学院学位委员会主席吉虽略夫教授的赏识，甚至建议他参加1962年秋季的博士学位答辩。但考虑到国家建设的需要以及自己肩负的责任，朱之悌毅然告别莫斯科，于1961年7月如期踏上回国的旅程。

第二节

继往开来，开创林木遗传育种学科新篇章

朱之悌回国后，立即全身心地投入到学校的日常工作之中。他白天给学生上课，协助汪振儒教授指导研究生，晚上翻译俄文资料、编写林木育种教材，希望将自己学到的知识、方法全部传授给学生。1963年，朱之悌晋升为讲师后，开展了毛白杨生根抑制剂分离和调控研究。尽管他晚年时曾对当时的研究选题颇感后悔，认为“育种人应做育种事，才是正道”，但研究取得的关于毛白杨皮部存在的两种生长抑制物质与其扦插生根困难相关密切等结果，为他后来解决毛白杨大规模无性繁殖问题还是有帮助的。然而，正当朱之悌踌躇满志地准备干一番事业时，“文化大革命”开始，他也受到冲击，被迫放弃了心爱的林木育种科研与教学工作（图1-8）。在他的一生中，“最为痛心的是‘文化大革命’期间的事业空缺，斯文扫地，白白耗费了宝贵的青春时光”。

1969年，北京林学院迁址云南。此时朱之悌的两个孩子尚小，一家四口先后随校搬家到江边、丽江、下关，住在当地农民家中，白天参加劳动，晚上参加政治学习（图1-9）。直到1973年3月，学校恢复招生复课，

图 1-8　1966 年 11 月，朱之悌于北京与夫人、长子合照

图 1-9　1970 年，朱之悌在云南江边西华村

全体教职员工才集中到昆明楸木园新校址。多年的辗转流离，劳动之累自不必言，加上住宿、孩子上学等生活问题的困扰，逐渐消磨了人们的精神，而此时的朱之悌并没有消沉，仍然想办法创造条件开展林木育种工作。他向云南省科学技术委员会申请科研项目与经费，自己动手组建林木育种研究必备的温室；组织学生成立科研小组，开展了油橄榄选优和结实测定，以及毛白杨无性繁殖试验等，取得了一定的研究成果（图1-10~图1-12）。即使今天我们步入已经荒芜的昆明北京林学院旧址——楸木园，还能瞻仰朱之悌当年栽种的毛白杨——粗已合抱、高耸入云。而机会也总是留给有准备的人，当1978年全国高等院校开始恢复职称评定时，朱之悌凭借多年的成果累积，成为学校为数不多的副教授之一。

图 1-10　1974 年，朱之悌全家在昆明楸木园

图 1-11　朱之悌种植在楸木园的毛白杨（张志翔 摄）

图 1-12　1998 年 8 月 22 日，朱之悌与夫人林惠斌重返楸木园（在自己建设的温室前）

20世纪70年代末，国家拨乱反正，学术界亦开始正本清源。1979年，朱之悌当选为第一届中国林学会林木遗传育种专业委员会副主任，并在返京复校后受命着手组建林木遗传育种学科。此时，他已经到了知天命的年龄，也更懂得“只争朝夕”的含义。朱之悌多方联系，调兵遣将，充实学科教师队伍；主持编写林木遗传育种教学大纲，消除“米丘林学派”错误影响；主持全国“数量遗传学在林木遗传育种中应用”主讲教师培训班，推动林木数量遗传在我国的启蒙与传播；招收硕士研究生，完善学科培养体系；主编全国高等林业院校试用教材《林木遗传学基础》，为林学专业师生提供适用的教学参考书，这本教材直到21世纪初仍为许多农林院校采用（图1-13）。朱之悌积极参与了国家林业科技、教育以及产业发展重大方针、策略制定等工作，为有关部门决策提供了许多重要的意见与建议（图1-14~图1-16）。1982年，科技部、林业部决定组织实施全国林木育种重大科技攻关课题，朱之悌负责起草林木育种课题的立项论证报告等。该报告于1983年获中国林学会重大建议奖。

1985年，朱之悌晋升为教授。林木遗传育种学科也在朱之悌的领导下，于1986年被国务院学位委员会批准为博士点，朱之悌成为我国林木遗传育种学科首位博士研究生导师。作为学科带头人，朱之悌肩负了更重的责任。他认为一个学科能否建设好，除了看它是否有独特的学科发展方

图 1-13　朱之悌主编的全国高等林业院校试用教材《林木遗传学基础》

图 1-14　1988 年 4 月，朱之悌作为评委参加国家科技进步奖评审会

图 1-15　1993 年 4 月，朱之悌作为专家参加国家林学学科硕士学位点评估

图 1-16　1990 年冬，朱之悌（后排右二）随林业部考察团重回莫斯科林学院

向，是否取得有重大影响的科研成果外，更重要的是看它是否拥有一支过硬的教师队伍。正是基于这种“人才主导学科发展”的观点，在林木遗传育种学科建设中，他十分重视人才培养与引进。为了能留住一位优秀学生或青年教师，他一次次不厌其烦地找学校甚至林业部领导，要留校或进京指标，催促帮助解决青年教师住房及其配偶工作等问题。可谓“慧眼识人”，凡是他看中而留校工作的教师，无论是目前在岗的，还是离开学校到国外或国内其他院校的，现在都已成为本单位独当一面的学术带头人。

在朱之悌的精心运筹和领导下，并经过他与同事们多年的苦心经营，北京林业大学林木遗传育种学科在20世纪90年代迎来了快速发展时期，逐渐发展成为我国林木遗传育种学术交流与人才培养中心之一。1992年，学科顺利通过林业部评审，被列为部级重点建设学科；1996年成为国家“211工程”一期重点建设学科；2001年跻身于国家重点建设学科行列；2003年获得林木、花卉遗传育种教育部重点实验室等。学科经过几代人近半个世纪的建设，已拥有雄厚的研究与人才基础、稳定的学科方向，以及解决纸浆材品种等国家经济建设重大科技问题等的突出能力，在国内外林学界享有重要影响。

第三节

锐意进取，毛白杨良种选育研究硕果累累

图 1-17　三倍体毛白杨是朱之悌与夫人林惠斌的最爱

20世纪80年代初，国家科学技术委员会及林业部把解决木浆原料品种问题列入国家科技攻关，其中毛白杨专题由朱之悌负责，他迎来了自己人生中真正意义的科学春天。在经过充分且科学的分析和论证之后，朱之悌带领课题组成员，制定了以毛白杨基因资源收集、保存及其遗传基础研究为起点，以改造毛白杨前期生长缓慢的性状、培育短周期新品种为主攻目标，以解决毛白杨无性繁殖难关为新品种大规模投产保障的研究战略。从此，受命攻关的朱之悌用高度的热情和忘我的精神，十几年如一日，围绕着同样一个目标——毛白杨短周期新品种选育进行研究。春去秋来，基地上蹲点；寒来暑往，林场间穿梭。在完成正常的教学任务之外，朱之悌与夫人林惠斌一起，远离喧闹繁华的都市，选择艰苦的乡间苗圃基地默默地工作，节日和假期从没休息过，日间所做、夜间所思的都是毛白杨。他常说自己有“三子”为宝，但排在首位的永远是苗子（事业）和弟子（接班人），其次才是他的孩子（家庭）（图1-17）。朱之悌晚年时曾多次对弟子说，他最内疚的是未对子女尽到父亲的责任，还拖累老伴跟随自己年复一年不停地奔波。因为一忙起来，“家”的概念就变得模糊了，或已经扩展为“毛白杨大家庭”了。在此期间内，他也有过痛苦与迷惘，也有过多次机会可以脱离这种“苦行僧”的生活，到生活和工作条件更为优越的

国外大学或研究所工作，但朱之悌的刚毅性格使他始终能够战胜自我、摆脱诱惑、守卫理想，一点一滴地积累研究数据，一步一步地向最终目标接近。

众所周知，森林基因资源保存是当代全球性关切的问题之一。基因资源既是生态系统稳定的基础，也是育种可持续发展的保障。因此，朱之悌从开始制订“六五”国家科技攻关研究计划时，就充分注意了保存毛白杨基因资源的必要性。他在深入分析毛白杨生物学特性及其资源收集与保存的难点基础上，根据基因资源保存与育种利用相结合的原则，组织华北10个省（自治区、直辖市）协作组（图1-18~图1-25），从100万km^2分布区内按统一的标准进行调查、选优（图1-26）。并在毛白杨基因资源收集、保存中创造性地采取了分部位取样、分部位保存的方法，即通过挖根促萌繁殖，以消除成年优树的年龄差异，用于优树无性系测定；而通过采集成年性花枝嫁接繁殖，获得保持成年性的花枝苗，提早开花结实，用于杂交育种等。其中，在山东冠县建立了含1047株源于优树根萌苗材料的

图 1-18　1983 年，河南郑州第二次毛白杨协作组会议

图 1-19　1984 年，北京西山第三次毛白杨协作组会议

图 1-20　1985 年，山东烟台第四次毛白杨协作组会议

图 1-21　1986 年，山西大同第五次毛白杨协作组会议

图 1-22　1987 年，山东冠县第六次毛白杨协作组会议

图 1-23　1988 年，甘肃天水第七次毛白杨协作组会议

图 1-24　1990 年，河北石家庄第八次毛白杨协作组会议

图 1-25　1993 年，甘肃兰州第九次毛白杨协作组会议

图 1-26　甘肃天水存活的 600 年生毛白杨古树

“档案库”和850株源于优树花枝嫁接苗材料的“标本园”；在毛白杨分布区的10个省（自治区、直辖市）建成了含500个源于根萌幼化材料的优树无性系测定林（图1-27、图1-28）。这是我国首例按联合国有关文件并结合树种特点而进行的林木基因资源收集与保存工作，在保存了日益减少的毛白杨基因资源同时，也促进了毛白杨遗传改良研究工作。朱之悌领导课题组从测定林中成功选育出一系列毛白杨雄株行道树和建筑材、胶合板材新品种，并利用“标本园”的毛白杨为亲本杂交获得了大量的优良杂种无性系，有力地推动了我国北方生态环境和工业用材林

图 1-27　通过挖根促萌、切取嫩枝扦插繁殖消除毛白杨优树年龄差异

图 1-28　1986 年 5 月，朱之悌向来访的德国 Hattemer 教授介绍毛白杨优树资源收集和测定林建设情况

建设的良种化进程。该成果于1991年获林业部科技进步奖一等奖，1992年获国家科技进步奖二等奖（图1-29）。

白杨派树种扦插繁殖困难是世界公认难题，尤其在规模育苗时难度更大，毛白杨亦不例外。为解决这个问题，朱之悌将分步培养的组培思路巧妙运用于大田苗圃育苗之中，研究出毛白杨多圃配套系列育苗技术，即通过挖根促萌获得毛白杨幼化材料，建立提供原种繁殖材料的采穗圃；利用'群众杨'、大青杨等砧木树种与毛白杨芽接亲和力高且容易扦插繁殖的特点建立砧木圃，在砧木苗木上每隔15cm嫁接1个芽，增大繁殖系数；严格执行采穗圃与生产苗木的繁殖圃分开经营的原则，杜绝以苗繁苗的做法，防止苗木积累性衰老；通过采穗圃年年平茬以及采穗圃与根繁圃定期转换，保持繁殖材料的幼化状态等。这样，朱之悌通过采穗圃、砧木圃、繁殖圃、根繁圃4个苗圃配套育苗的办法，解决了毛白杨无性繁殖材料幼化、复壮以及大规模扩繁的难关，提高了育苗成活率及其稳定性，并使繁殖系数剧增，3年可从1株扩繁到100万株，年均33万株，攻克了毛白杨常规大规模繁殖的世界性难题。这项成果作为林业部和国家推广项目中技术成熟可靠、覆盖面广、经济与社会效益均佳的技术成果，多次在中央人民广播电台、中央电视台以及国内数十家报刊上加以报道推广。该成果于1996年获林业部科技进步奖二等奖，1997年获国家科技进步奖二等奖（图1-30）。

在完成毛白杨基因资源收集与保存工作的同时，朱之悌开展了以改造毛白杨前期生长缓慢的性状、培育短周期新品种为目标的研究工作。在国

证书

获奖项目：毛白杨优良基因资源收集保存利用研究

获奖单位：北京林业大学 等

奖励等级：二 等

奖励日期：一九九二年十一月

国家科学技术进步奖
评审委员会

图 1-29 “毛白杨优良基因资源收集保存利用研究”获国家科学技术进步奖二等奖

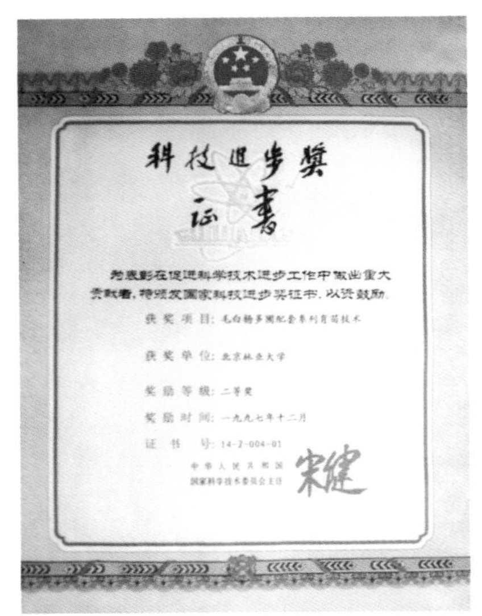

科技進步奬
証書

为表彰在促进科学技术进步工作中做出重大贡献者，特颁发国家科技进步奖证书，以资鼓励。

获奖项目：毛白杨多圃配套系列育苗技术

获奖单位：北京林业大学

奖励等级：二等奖

奖励时间：一九九七年十二月

证书号：14-2-004-01

中华人民共和国
国家科学技术委员会主任
宋健

图 1-30 “毛白杨多圃配套系列育苗技术”获国家科技进步奖二等奖

内首次采用染色体部分替换和染色体加倍的育种思路，首次成功地选育出一系列短周期三倍体毛白杨新品种。不但解决了毛白杨短周期生产问题，而且还实现了多目标性状综合改良。与选种毛白杨优良无性系相比，三倍体毛白杨新品种的材积生长高出1倍以上，可实现5年短周期经营。同时，由于三倍体细胞的巨大性使纤维长度增加，而细胞的增大又相应导致木质素含量的降低，使三倍体毛白杨成为最适制浆造纸的杨树品种。5年生三倍体毛白杨的纤维长度平均达1.28mm，比同龄普通毛白杨长52.4%；木质素含量降低，为16.71%，比普通毛白杨低17.9%；而不为碱漂溶解的α-纤维素含量则相应提高，可达到53.21%，比同龄普通毛白杨高5.8%（图1-31）。三倍体毛白杨新品种作为纸浆纤维用材应用时，制浆得率高而能耗及化学品消耗低，可保证整个林、浆、纸产业链的综合经济效益最大化。林业部和国家科学技术委员会验收专家组高度评价三倍体毛白杨新品种的育成：在选育三倍体的品种数量上、木材增产的幅度上、应用推广的规模上，都居国内外领先水平，是一项高水平的林木细胞染色体工程高科技成果。该成果于2004年荣获国家科技进步奖二等奖（图1-32）。

朱之悌在国内外发表论文、专著70余篇（部），创造了同一树种研究连续3次荣获国家科学技术进步奖二等奖的佳绩，还曾荣获中国林学会陈

图 1-31　定植于山西永济黄河滩的 8 年生三倍体毛白杨（生长优势显著）

国家科学技术进步奖

证　书

为表彰国家科学技术进步奖获得者，特颁发此证书。

项目名称：三倍体毛白杨新品种选育

奖励等级：二　等

获 奖 者：北京林业大学

2004年1月20日

证书号：2003-J-202-2-05-D01

图 1-32　“三倍体毛白杨新品种选育”获国家科学技术进步奖二等奖

嵘科学基金奖、国务院黄淮海开发优秀科技奖、国家科学技术委员会“金桥奖”、何梁何利基金科技进步奖、首届国家林业科技贡献奖等多项奖励。而他的每一项研究成果问世，都受到了国内外同行的关注和重视，德国Hattemer教授、澳大利亚Lindsay Pryor教授等国外著名林学家来中国进行学术交流时，专程赴基地考察毛白杨研究（图1-33、图1-34）；1995年国际林联芬兰大会，他是中国唯一被邀请的大会报告人；1996年国外有关

图 1-33　1985 年 6 月，德国 Hattemer 教授访问山东冠县毛白杨良种基地开展学术交流

图 1-34 1993 年，朱之悌在河北威县苗圃向来访的澳大利亚 Pryor 教授介绍毛白杨良种繁育

杨树的重要著作《杨树生物学经营和保存》出版，其中中国部分重点引述了他的工作，为我国林木遗传育种学界在国际上争得了荣誉和话语权。国务院、林业部及有关省（自治区、直辖市）领导多次专程赴基地视察，盛赞三倍体毛白杨的育成是国之骄傲。正是因为在毛白杨良种选育中所取得的一系列创新性成果，1999年，朱之悌当选为中国工程院院士。“回顾过去，既有收获、成绩与荣誉，也有失误、教训以及遗憾”，而令朱之悌“最为高兴的则是自己还能有机会在我国这片相对贫瘠的林学园地中耕耘播种，并能很自豪地收获珍爱的果实”。

第四节

壮心不已，力推三倍体毛白杨产业化进程

朱之悌一直认为，一个品种再好，如果不能转化为生产力，就是水中月，是没有实际意义的。从1993年开始，他开始竭力推动三倍体毛白杨产业化。但与农作物品种推广不同的是，林木生产周期长、见效慢，产业化限制因素太多，推动起来困难重重。为加快三倍体毛白杨产业化步伐，朱之悌首先想到的是借助于政府林业部门的推动。1994—1997年，他先后与山西、河南、河北等省林业厅签订协议，共建三倍体毛白杨纸浆原料林基地，但在具体实施过程中发现，政府主管部门无相关资金，制度限制多，有心无力，很难有突破性进展。他心急如焚。此时，想到决定造林经费的是林业部，应该让林业部领导认识三倍体毛白杨。1997年2月，朱之悌致信给当时林业部分管科技的副部长李育材、刘于鹤，汇报我国首次选育成功的三倍体毛白杨新品种及其丰产情况。1997年11月4—5日，李育材副部长等领导赴河北威县基地考察，看到了三倍体毛白杨的突出表现，从此李育材副部长成了三倍体毛白杨的“宣传员”（图1-35）。而在三倍体毛

图1-35　1997年11月5日，时任林业部副部长李育材等领导考察河北威县三倍体毛白杨

图1-36　1998年11月23日，时任国务院研究室副主任杨雍哲在河北威县考察三倍体毛白杨生长情况

白杨的推广过程中，朱之悌逐渐认识到产业化不仅仅是一个资金的问题，国家政策导向与龙头企业带动的作用应该更为重要。从1998年开始，他与一些企业接触，并促成了时任国务院研究室副主任杨雍哲的河北威县之行（图1-36）。1999年1月7日，温家宝副总理就杨雍哲副主任“关于加速推广三倍体毛白杨的调查报告”作出批示。国家林业局就此专门召开三倍体毛白杨推广会，对三倍体毛白杨产业化进程起到了积极的推动作用。

1999年6月，朱之悌在体检时间发现右肺上叶有阴影。医院先诊断为肺炎，后诊断为肺结核。但他当时并没有把自己看作病人，仍时不时从病床上“逃”出来，抓住一切机会推动三倍体毛白杨产业化。到2000年2月，在坚持抗结核治疗不见好转的情况下，转入北京胸部专科医院检查，确诊为肺癌。此时的他情绪有些低落，怕自己走不下手术台而“出师未捷身先去”，他希望老天能给10年时间，能看到三倍体毛白杨“见浆见纸”。2000年3月，在作了右肺上叶切除手术后不到半个月，躺在病床上的他接受了主要刊载浆纸信息的《商情周刊》杂志专访，提出了“南桉北毛，黄河纸业”的三倍体毛白杨产业化设想。这一访谈录发表后，立即引起了山东太阳纸业集团等造纸企业的重视，希望他能赴山东兖州指导太阳纸业营造三倍体毛白杨纸浆林。接到这一消息后，虽然他仍在化疗，但自认为已逃过一劫。朱之悌精神振奋，在病床上又写又画，筹划纸浆原料林基地建设事宜。用朱之悌的话说，是“锅破找补锅人，补锅人找破锅补”。“锅破”与“补锅”的终于碰到一起了，这种盼望已久的真正意义上的三倍体毛白杨产业化终于到来了。由此，朱之悌开始了自己盼望已久的“第二次科技攻关”——三倍体毛白杨产业化攻关（图1-37）。

当冷静下来后，朱之悌开始感觉到将要面对巨大的工作压力。企业要搞“林浆纸一体化”，不但要育苗，还要造林；不但要效益，还要成规模。过去一二百亩[1]育苗基地建设的经验显然是不够的，而且企业也没有懂林业生产的人才。怎么办呢？朱之悌倡导并推行了“工程育苗”，通过这种综合全国毛白杨专业苗圃技术与资源优势的“借鸡孵蛋”式推广，快速完成造纸企业大规模纸浆原料林建设初期的苗木与人才准备任务。朱之悌深深知道，品种得到企业认可只是产业化的第一步，要想实现三倍体毛白杨产业化，效益是关键，而科研是基础。因年龄原因，虽然他是院士，但按规定已经不能主持科研课题，而要解决与产业化相关的品种防老复壮、栽培与管理模式等问题，必须有科研经费。此时，朱之悌想到了朱镕基总理。2001年4月21日，朱镕基总理就朱之悌关于三倍体毛白杨纸浆材新品种的来信对有关部委作了重要批示，指出“纸浆原料是个大问题，林业科研开发工作必须抓紧”等（图1-38）。国家林业局批拨750万元专项研究经费，为开展三倍体毛白杨良种区划及产业化栽培配套技术研究提供了强有力的支持。

在2000—2004年，朱之悌又拿出了当年在山东冠县、河北威县开展

图 1-37　2000 年 8 月 15 日，兖州市政府和太阳纸业聘请朱之悌、林惠斌指导三倍体毛白杨纸浆林建设

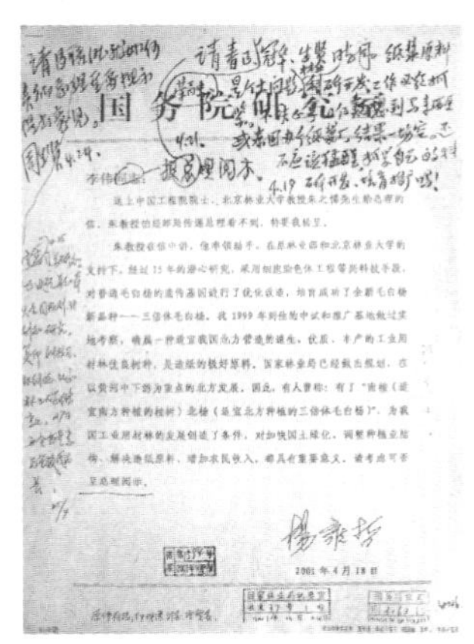

图 1-38　2001 年，朱镕基总理关于三倍体毛白杨新品种的批示

1　1亩=1/15hm^2，下同。

图 1-39　2002 年 9 月 2 日，朱之悌牵头组建由山东太阳纸业、泉林纸业等“百万吨三倍体毛白杨纸浆原料林产业化集团协作组”

图 1-40　2003 年 9 月 5 日，朱之悌带领“百万吨三倍体毛白杨纸浆原料林产业化集团协作组”第二次年会成员参观太阳纸业纸浆原料林

毛白杨良种选育攻关时的劲头，与夫人林惠斌长期在山东兖州、高唐等地，指导太阳纸业、泉林纸业等企业育苗、造林。由于当时大规模纸浆原料林建设在我国属于新生事物，实施过程中不可避免会遇到各种新问题，但缺乏解决问题的经验。为此，朱之悌将建设三倍体毛白杨纸浆原料林基地的造纸企业组织起来，成立了“百万吨三倍体毛白杨纸浆原料林产业化集团协作组”，形成实质性校企协作、优势互补的组织形式，及时交流经验，提高纸浆原料林建设技术和管理水平（图1-39、图1-40）。而为了使企业形成可持续发展，他同时还指导各企业组建了三倍体毛白杨纸浆林研究所，招聘大学本科毕业生、研究生等充实到研究所的育种室、种苗室、造林室、土肥室、森保室工作，分别承担三倍体毛白杨新品种推广过程中品种保纯与复壮、采穗圃营建与苗木繁殖、造林技术管理、病虫害防治等任务，从而通过技术研究的平台建设，培养一支稳定且技术过硬的纸浆原料林产业化技术队伍等。在朱之悌的精心策划和全力推动下，直至他去世之前，协作组成员累计生产苗木5000多万株，营造纸浆原料林50多万亩，三倍体毛白杨纸浆材新品种走上了产业化的快车道（图1-41、图1-42）。

在这期间里，朱之悌每天与造纸企业的负责人交流意见，坚定企业信心（图1-43）；或协助企业找地方政府，解决产业化中遇到的实际问题；或协调企业与育苗基地的关系，监控纸浆原料林建设的每一个技术环节；或亲自指导他的“纸浆兵”熟悉业务；或布置国家林业局专项课题试验；或接待有关媒体和参观学习的团体与个人，推广毛白杨产业化等。几乎每

图 1-41　2002 年春季，山东泉林纸业三倍体毛白杨新品种育苗基地

图 1-42　2005 年，山东太阳纸业种植的三倍体毛白杨纸浆原料林（3.5 年生）

图 1-43　2004 年，朱之悌与太阳纸业纸浆原料林基地管理人员交流三倍体毛白杨育苗技术改进

天都有不止一件事情等着朱之悌。而对于一位曾做过癌症手术的70多岁老人，他又是怎样用病弱的身躯担负起这样的重任呢？因为有一个目标在吸引着他，有一股力量在支撑着他，这就是“黄河纸业”，也就是解决中国木浆依赖进口的重要问题。2004年8月，即使朱之悌在知道自己肺癌已复发转移进入晚期的情况下，也没有被击倒。他知道自己的时日不多，在住院化疗之余，强忍着骨转移难熬的疼痛，照样做自己未完成的事情——打电话与基地交流意见，布置“百万吨三倍体毛白杨纸浆原料林产业化集团协作组”第三次会议，整理《毛白杨遗传改良》专著文稿，修改博士生开题报告，给学生和助手安排下一阶段的工作等。2005年1月22日，朱之悌带着一丝遗憾离开了他所热爱的事业，他终究没有亲眼看到三倍体毛白杨“见浆见纸”。2008年1月，山东太阳纸业化学机械浆生产线投产并生产出三倍体毛白杨木浆（图1-44），三倍体毛白杨的“林浆纸一体化”终于成为现实。这一大好消息应该是对三倍体毛白杨之父——朱之悌的最好告慰。

图 1-44　2008 年，山东太阳纸业开始采伐三倍体毛白杨木材削片、制浆、造纸

第五节

树木树人，身教重于言教堪称学界大师

图 1-45 朱之悌在不同时期的笔记本

育种是一个艰苦的职业，也是一个高风险职业，林木育种尤其如此。“走完这一艰苦而漫长的过程，需要15~20年时间。辛辛苦苦、担心害怕、费力费钱的遗传改良工程，全靠育种者以矢志不渝、百折不挠的毅力去支撑、奋斗”。因此“育种者决不能不分青红皂白，从头到尾平均使劲；更不能赶时髦，看人家国际水平在哪儿，也跟着把重点放在哪儿”“亦余心之所善兮，虽九死其犹未悔”，这是朱之悌的执着。翻阅朱之悌不同时期使用的数十本大小各异、薄厚不一的笔记本，可以清楚地浏览到他一生的执着与追求。讲课教案、毛白杨研究计划、中外文资料摘录、英文学习笔记、会议记录、工作总结等（图1-45），真实地记录了他的人生轨迹；字里行间，无一不诠释着一位老一辈知识分子追求事业的拳拳之心。

朱之悌的朋友既有学者、官员，也有很多育苗造林的农民；在河北威县基地，他前后与5任威县县长合作（图1-46），相处融洽，而与科研基

图 1-46　2001 年 4 月 18 日，朱之悌（左四）和夫人林惠斌（右三）于河北威县苗圃与合作的 5 任威县县长合影

地的领导和群众更是亲密无间，这是他的率真。他曾组织来自10个省（自治区、直辖市）、数十人的课题组持续十几年开展毛白杨良种选育攻关；此后又领导“百万吨三倍体毛白杨纸浆原料林产业化集团协作组”进行了涉及成千上万人的纸浆原料林基地建设，指挥若定，这是他的大气。他长期坚持在基地蹲点，亲自动手测量数据，掌握第一手资料，甚至为不影响试验布置而和学生一起拉犁耕地，这是他的实干。他曾经为了保住试验林不被砍伐，整整一天孤零零地坐在林业局办公楼外等待与局长见面，以便劝说其改变决定；也曾一次次为事业强作欢颜而委曲求全，这是他的坚忍。他在课题研究遇到困难时，或遭受学术界的个别人故意刁难时，也总能通过努力巧妙地解决，这是他的智慧。

与在科学研究投入方面的大方相比，朱之悌在个人生活方面的要求是非常低的，有时甚至过于苛刻。家中的家具大多是从云南带回来的；出差时仍然带着去苏联留学时用的旧皮箱；最好的几套衣服也都是为出国而置办的，只有参加一些重要活动才穿；去科研基地出差，他坚持不住宾馆，而是住林场、苗圃没有暖气、空调的“朱公馆”[1]；蹲点时间长就自己开火

1　朱公馆：林场、苗圃给朱之悌安排的宿舍，他自己戏称为“朱公馆”。

做饭，时间短就在林场、苗圃职工家里吃；出差只要是白天行车就一定不买卧铺，夜晚乘坐火车时，有硬卧就不买软卧；打出租车也找最便宜的；等等；这是他的节俭。他常说："科学研究必须讲究，不能将就；而生活上只要能满足基本需要就可以了。"

朱之悌是首批国家林业科技贡献奖获得者，首批国家政府特殊津贴享受者，部级有突出贡献专家，长期担任林业部科技委委员、林业部科技进步奖评委、国家科技进步奖、国家发明奖评委会评委、《林业科学》编委等职，在国内外享有重要影响。同时，朱之悌也是一位深受学生爱戴和欢迎的优秀教师，他所讲授的课程，总是座无虚席。同学们反映，听他的课简直是一种享受。但如果你看到他备课时的情景，也就会认为这是很自然而然的事情了。每次讲课之前，朱之悌总是坐在桌前，对照讲义和资料，冥思苦想，写写画画。大量的知识累积和融会贯通，以及充分的准备使他在讲授时能深入浅出、娓娓道来。朱之悌还是一位深受弟子爱戴的成功导师。如果说毛白杨育种成功是他事业的一个方面，那么他培养成才的14名博士和19名硕士则是他事业成功的另一方面。今天，他的弟子已有8人被聘任为博士生导师，13人晋升为教授或研究员，成为活跃在国内外林木遗传育种舞台上的重要力量（图1-47~图1-49）。

图 1-47　1982 年，朱之悌（前排右四）与自己指导的 1978 级 12 名本科毕业生及相关教师合影

图 1-48　1988 年，朱之悌（前排左三）与续九如、王琦、杨敏生、卫海荣等自己指导的部分研究生合影

图 1-49　2004 年，“三倍体毛白杨新品种选育”荣获国家科技进步奖二等奖后主要完成人合影

参考文献

康向阳. 参天一白杨[M]// 周景. 绿海红帆. 北京: 中国林业出版社, 2007: 134-136.

康向阳. 朱之悌传略[M]// 石元春. 二十世纪中国知名科学家学术成就概览. 北京: 科学出版社, 2013: 479-490.

刘磊, 彭鸣皋. 一株伟岸的白杨树[M]// 湖南科学技术协会. 三湘院士风采录: 第3卷. 长沙: 湖南科学技术出版社, 2002: 120-126.

铁铮. 看见白杨就想起了您[M]// 周景. 绿海红帆. 北京: 中国林业出版社, 2007: 123-131.

续九如. 永远的导师[M]// 周景. 绿海红帆. 北京: 中国林业出版社, 2007: 132-134.

朱之悌. 毛白杨遗传改良[M]. 北京: 中国林业出版社, 2006.

第二章

高远缜密，纲举目张：毛白杨育种战略学术思想

林木育种策略是指导一个树种遗传改良的行动纲领，对于树种改良效率有重要作用。毛白杨是自然分布于我国北方十多个省（自治区、直辖市）的优良用材树种，已有逾千年的应用历史，但截至20世纪70年代末，仍未有系统的遗传改良体系，缺乏种质资源工作基础，急需探索种质创新的育种技术。如何破解系列难题，在较短时间内取得较大育种进展，是对制定毛白杨育种策略的严重挑战。在借鉴国内外阔叶树成功育种策略与经验的基础上，朱之悌“制定了以毛白杨基因资源收集、保存及其遗传基础研究为起点，以改造毛白杨前期生长缓慢的性状、培育短周期新品种为主攻目标，以解决毛白杨无性繁殖难关为新品种大规模投产保障的研究战略”，构建了毛白杨持续改良坚实的理论与技术基础，成功指导了毛白杨育种实践。毛白杨育种策略还对多个阔叶树种的遗传改良有积极的启示与引领作用，对林木育种事业发展作出了重要贡献。

林木育种策略对于树种近期和长期可持续遗传改良有重要指导作用。一个树种的完整育种策略是对树种遗传改良体系各环节逻辑联系和实施进展的详细设计，包括根据育种目标制定的选择、遗传测定、育种技术、良种繁殖、良种利用、种质资源保育、新种质开发引入以及其他相关科学研究等。朱之悌将林木育种比作一场没有硝烟的战争，而将林木育种策略上升到战略的高度。好的林木育种战略是在生物学、栽培学、遗传学和管理学多学科理论知识综合交叉的基础上构建，但并非是纯科学，因为直觉和主观判断在战略制定中起着不可忽视作用，所以它更被视为一门艺术。毛白杨的育种战略制定的学术思想就很好体现了科学与艺术结合的大智慧。

朱之悌从毛白杨遗传改良的国家需求出发，针对毛白杨遗传改良的核心问题，借鉴世界阔叶树育种成功经验，制定了毛白杨育种策略，并有力组织和领导了由全国10个省（自治区、直辖市）科研机构构成的毛白杨科技攻关协作组，认真贯彻落实了各项研究任务和育种工作的实施（图2-1）。经20多年不懈努力，在种质资源收集与保存，雄株行道树和短周

图 2-1　朱之悌与夫人林惠斌在陕西渭南毛白杨基地

期胶合板材、建筑材新品种培育，繁殖材料幼化及大规模无性扩繁技术，短周期、速生、优质三倍体毛白杨新品种培育等方面取得了一系列卓越成果，3次荣获国家科技进步二等奖。

第一节

毛白杨育种战略制定的研究背景

一、国家林业需求

基于国家对木材生产与相关产业发展的重大需求，在广大平原适宜地区大力发展杨树速生丰产林是解决国家木材需求的重要途径，选育、繁殖和利用林木良种是可以事半功倍发展速生丰产林的主要举措，而解决杨树良种选育关键技术成为国家科技攻关的重要选题。毛白杨（*Populus tomantosa*）是分布在我国北方晋、冀、鲁、豫、陕、甘、宁、内蒙古、京等10多个省（自治区、直辖市）的乡土树种，适宜于土层肥沃的平原与山谷地带生长。毛白杨具有持续速生期长，树体高大，树形优美，材质优良等特点，在用材、绿化和景观等领域有广泛用途，在华北和西北平原地区人工林培育中有重要地位。鉴于毛白杨广大的适生区，较高的用材和综合利用价值，毛白杨良种选育被列入“六五”“七五”国家科技攻关课题，由朱之悌负责该项研究。中国“六五”计划以前，毛白杨的遗传改良研究几乎为空白。毛白杨的起源与树种定位存疑，杂交相对困难，扦插繁殖效果差等，使该重要乡土树种的遗传改良工作进展缓慢。其系统的种质资源工作尚未开展，嫁接仍是其主要繁育技术，品种只有从自然变异中选育的“易县雌株”等优良类型，尚未有系统的毛白杨遗传改良体系，适宜毛白杨的育种技术尚待探索，这些构成了制约毛白杨林业发展的系列科技难题。

二、国际发展趋势

在世界范围内，杨树是全球公认的速生用材树种，有一系列杨树育种的成功经验。杨树在改善生态环境、优化碳汇效率以及农田防护林、行道树、“四旁”绿化、园林观赏等方面有高的利用价值，受到国家林业行业的普遍重视。杨树生长快、成材周期短、种间杂交容易、易扦插繁殖、栽培措施响应敏感等，也使其成为树木科学研究的理想材料。在“树木遗传变异、杂交育种、基因导入、组培技术、人工林栽培模式，乃至一般林木生物学研究中，杨树总是受人青睐，榜上有名，居首选地位而经久不衰”。杨树的良种选育战略也备受林业科学研究者的关注，基于各国杨树资源特点，制定了各自的杨树育种战略，选育出不少速生丰产品种。如意大利Ⅰ-214杨等欧美杨系列品种、美洲黑杨品种、欧美山杨杂交的白杨品种，德国从 *Populus tremula* × *P. tremuloides* 选育的‘Astria’三倍体品种，韩国选育的银腺杨（*P. alba* × *P. glandulosa*）新品种，加拿大的银白杨（*P. alba*）× 大齿杨（*P. grandidentata*）新品种，以及美国华盛顿大学选育出的毛果杨（*P. trichocarpa*）× 美洲黑杨（*P. deltoides*）新品种。这些选种或杂种无性系，都以极高的栽培价值而闻名于世。

三、国内研究发展

我国杨树育种也有重要进展。如20世纪50年代中国林业科学研究院选育出的北京杨、合作杨和群众杨，20世纪80—90年代的‘中林46杨’‘107杨’‘108杨’，南京林业大学从意大利引入的‘69杨’‘63杨’‘72杨’以及用‘69杨’为母本与中国小叶杨杂交而来的系列新品种，它们在长江流域一带获得大面积推广。各省林业科研究所、大专院校也选育出一批有用的杨树新品种用于生产，取得很大的成绩。在国内的杨树杂交育种方面，对派间亲缘关系与杂交可配性、杂种优势有诸多研究经验。通常亲缘关系较近的派内种间杂交，常有较好的遗传增益。如毛新杨×银毛杨的双交杂种、银白杨×大齿杨的银大杨杂种，都具有较大的杂交优势，成为迄今杨树派内种间杂交著名杂种。而黑杨×白杨派间杂种，则不论何种杂交组合，其杂交优势均十分不好，可配性很低，有的根本不能结籽。即使有幸结籽，其种子多数败育，不能出苗，或生长十分孱弱，最后死亡。但黑杨与青杨派间杂交，杂交优势一般不错，较黑杨与白杨杂交要好得多。如小叶杨（*P. simonii*）× 新疆杨（*P. bolleana*）的‘合作杨’，美洲黑杨×小叶杨的‘南林杨’，美杨（*P. pyramidalis*）× 青杨（*P. cathayana*）的‘北京杨’等，均是黑杨×青杨的成功之作。而白杨×青杨，如银白杨×腺杨（*P. glandulosa*）的‘银腺杨’，成为韩国白杨杂种的主栽品种。以上实践均显示在杨树不同派的种间杂交时树种亲缘关系很重要，其杂交优势常取决于2个亲本的亲缘关系的远近，亲缘关系越远则杂交优势越差，而亲缘关系较近，同派不同种，则杂交优势一般都很好；不同派但亲缘关系较近，也常有不错的杂交优势。杨树派间的从近到远亲缘关系有“黑杨派—青杨派—白杨派”。杨树派间亲缘关系远近带有规律性意义，是杨树杂交育种工作必须关注的。对黑白杨间杂交禁区的技术突破，完成基因重组，其育种价值意义重大。

第二节

毛白杨育种战略学术思想的形成

一、全面系统，纵横兼顾

针对当时毛白杨研究进展，考虑到林木育种工作的长期性和攻关课题的重要性，朱之悌强烈意识到育种战略“关系到研究的顺利和攻关的成败”的关键！为了使育种战略可靠高效，并有可能在两个五年计划期间取得显著成效，毛白杨育种战略的制定必须立足于其种质遗传变异基础。对此提出了从毛白杨全分布区的种质资源遗传变异出发，从优良变异性状的选择入手，种质资源发掘宽窄结合，育种目标长短期兼顾的基本战略构思。形成了“以大见小，以宽见窄，长短结合，相互穿插，以短养长，缩短周期”的独特战略思想，体现了战略思考的科学性、艺术性。为了更科学地制定毛白杨的育种战略，朱之悌首先系统研究了国内外阔叶树遗传改良的理论与经验，提出“我国杨树育种工作者应该学习西方这套经验，学习他们的长处，弥补自己的不足，在杂交亲本研究上狠下工夫”。他分析了各育种技术的特点及其在树种遗传改良中的效用，为育种战略的技术途径作出科学判断与理性选择。

二、立足树情，长短结合

掌握树种特性是育种战略制定的重要依据。根据毛白杨是我国乡土树种，有自然生态条件变化多样的广阔分布区，天然更新以实生和根蘖繁殖为主，地理种群间和种群内应有丰富的遗传变异可以选择利用的树种生物学特点，首先确定了借助毛白杨科技攻关课题10个省（自治区、直辖市）协作组，以毛白杨全分布区种质资源的自然变异为考察对象，揭示并阐明毛白杨的地理种群及个体适应性与主要经济性状的遗传变异模式与规律，广泛选择和收集各生态区的古树和经济性状表现突出的优良单株，在做好优良资源保存的同时开展遗传测定，是最快获得优良育种材料的重要途径，是制定毛白杨育种战略的基础保障，也是“以大见小”学术思想的具体体现。毛白杨的育种目标应该长短兼顾，长的为毛白杨建材、锯材、胶合板等大径级工业用材提供材料；短的为纸浆材，纤维板、刨花板、卫生筷等短周期工业用材提供原料。此外，考虑到白杨树种的丰富，和它们生境由温带到寒带的多样，通过杂交将它们几个树种综合在一个基因型中，进行多交抗寒抗旱育种是完全可能的。这样做可将毛白杨传统的分布区推进到辽宁、内蒙古、宁夏、甘肃、青海等东北、西北的辽阔地区，使那里增加一个平原栽培的白杨树种，这对那里的土地利用将是一个重大的贡献。

三、扬长避短，灵活机动

朱之悌对世界林业科技发达国家的杨树育种战略成功经验能否直接被毛白杨利用作了清晰分析。在比较中外林木育种国情的基础上，阐明世界林业科技发达国家的“一些林地归属于纸厂等公司，人有恒产则有恒心，他们可以一年一年、一代一代地经营下去”，杨树育种成果是在数十年持续研究基础上取得的，而我国则不然。我国适宜于杨树种植的土地归农民使用，而科研经费却源自国家。杨树育种“要在农民与国家间以申请科研项目的形式去进行土地与经费的结合”。科研项目的研发周期最多不过5~10年。这么短的时间内是难以完成国外从亲本选择、杂交制种、亲本轮回交配的交互测定的育种程序的。“当你刚刚把亲本选出来了还不及杂交时，在项目中期评估中，有人会说：‘10年还没有出品种’，早把你滚动淘汰了。你的10年辛苦等于白费”“为了应付立项和早出成果（品种），我们要缩短战线，要在‘偷工减料’上动点脑筋，首先当然就从亲本研究处下手”，制定更高效的杂交战略。在杂交技术方面，略施小技，用扬长避短、西差东补的办法，把杨树育种亲本研究上这段与国外的差距弥补过来，最后还争取走在前头，这成为朱之悌对毛白杨育种战略中积极并充满智慧的学术思考。

四、追求卓越，特立独行

从育种战略整体布局上，朱之悌阐明世界上没有一项落后的或不先进的育种战略，可以导致选育出先进的育种成果的。想获得区别于前人的育种成果，则首先应从拥有区别于前人的育种战略开始。林木育种因周期长经不起失败，所以在制订育种计划时，要求育种工作者要像军事家谋划一场战役那样，十分谨慎，周密考虑，用最好的战术配合去获得胜利。这是一桩只能成功、不能失败的事业，否则几十年辛苦汗水付诸东流。他特别强调林木育种战略，因树种和改良目标的不同而不同，贵在根据树种和改良目标的不同而采取不同的改良战略。并旗帜鲜明地指出，成功育种战略的一项特征，首先在于针对树种的特点和育种目标所制订的科学育种方法。只有对症下药的育种方法，才能攻克目标，获得预期的成就。育种战略的科学性，首先在于针对树种特点的改良方法的个性，而不是通性。育种水平的高低只能淋漓尽致地体现在个性之中。这些构成了毛白杨育种战略制定的主要指导思想（图2-2）。

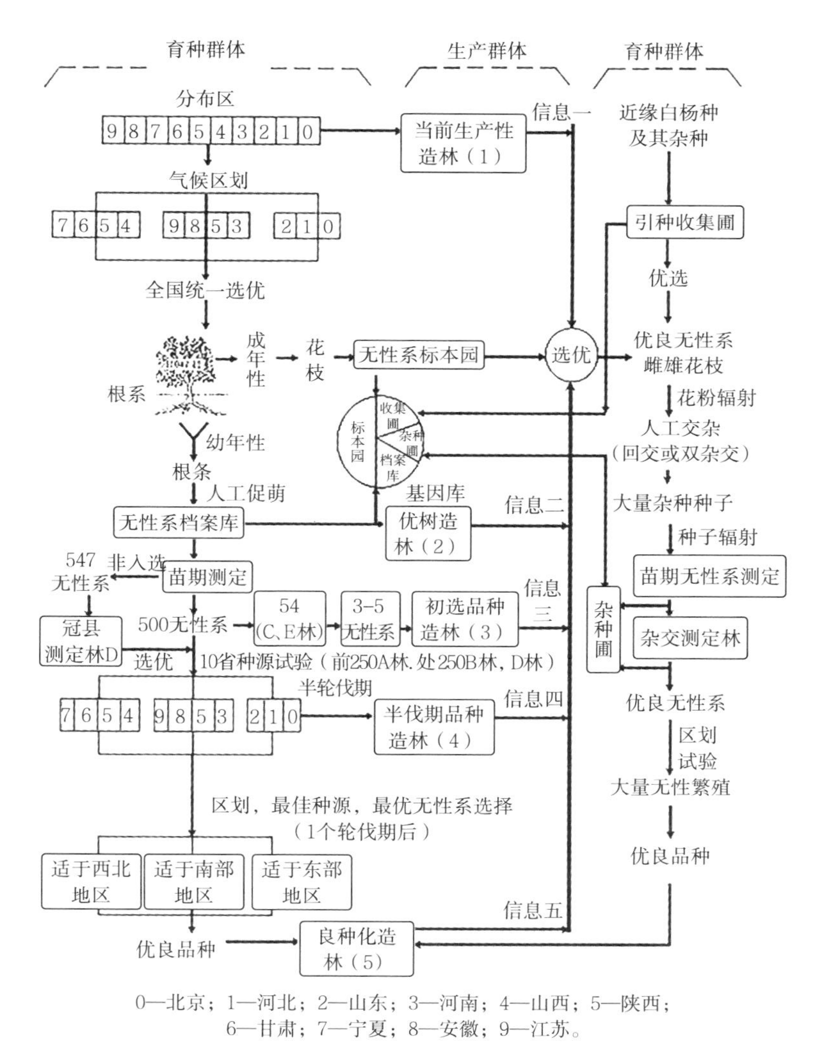

图 2-2　毛白杨改良的育种程序

第三节

毛白杨育种战略重点与关键科技问题

世界林木育种战略的共性主要包括三个方面：①育种原始材料收集、保存及有关性状遗传学研究；②育种目标的制定及其所采用的技术路线；③育出新品种的良种繁育。而毛白杨的育种战略既要考虑育种战略的规律性问题，又要考虑针对树种特性的具体问题，并在育种程序制定中充分体现共性育种环节和特性技术需求。个性体现了育种技术的高低，是育种水平之所在，个性寓于共性之中。

一、种质强基，广收优树

育种原始材料的收集保存和重要性状遗传学研究是新品种选育的基础工作。考虑到杨树多易于杂交制种，朱之悌在制定育种材料收集原则和策略时，除了在毛白杨全分布区广泛选择和收集种内优良遗传材料用作育种亲本外，还重视了近缘树种和毛白杨为亲本的杂种收集。而从更加高效地保存和利用好选择收集的重要遗传材料考虑，采用了异境保存策略和国际上最广泛采用的选择保存形式，以确保选择收集的重要遗传材料可为今后育种工作使用。

在确定收集遗传材料的性状表现时，不做广义的基因资源或遗传变异收集，直接服务于长短期的育种目标的实际需求。只收集长得快、材质好、干型直、抗性优的表型突出个体，为毛白杨的杂交育种提供优良亲本资源。对于育种资源收集与保存的具体方法，则从毛白杨树种的实际情况出发，全面系统地制定了选择收集布点、选优、采样、幼化繁殖、保存形式和方法，育种材料的遗传测定和评价等具体技术措施。

二、目标笃定，妙技支撑

育种目标及技术路线的制定是育种战略研究的核心，是育种成败的关键。因此，朱之悌特别重视育种目标及技术路线制定，深刻认识到育种战略有时就是指育种的技术路线，是育种过程中采取何种攻关技术、何种攻关途径、何种战略战术来实现育种目标。朱之悌明确毛白杨育种要缩短与世界先进水平的差距，就要扬长避短，在杂交技术上狠下工夫，扬我杂交技术之长，避我亲本研究之短。通过杂交技术的精益求精，去弥补亲本研究的不足，而技术路线得当，多与育种者本人的能力有关，是攻关的斗智斗勇方面。只要狠拼这一方面，说不定还可走在国际杨树育种同类研究水平的前沿。育种技术路线研究的难点，关键在获得杂交优势的有效技术途径。而每个树种获得最高杂交优势的途径不同，关键是如何了解它、找到它，这是检验育种工作者的工作经验与育种水平之所在。朱之悌科学制定了毛白杨的育种程序（技术路线）要点：育种目标的制定、杂交亲本选择、杂交技术策略、无性系测定与良种繁育等。

育种目标在育种战略中具有主导地位。在育种目标制定时必须兼顾生产需要与树种可能性，正确把握树种遗传特性和选育可能并科学制定出正确的育种目标，是育种成功的一半。既要满足生产发展需求，又要与树种遗传改良可能性结合，目标制定要既不冒进，也不保守，这是毛白杨育种目标制定的基本原则。

杂交育种目标的实现的基础是杂交亲本选择，这是决定育种成效的技术核心。朱之悌提出在亲本选择中要充分考虑到育种目的性状来源的亲本组成，父母本遗传效应的利用，亲本间可配性与结籽能力能否为选择提供很大的杂种群体，杂交的种实败育程度与拯救方法，预期杂种群体规模能否满足理想重组基因型出现的频率等技术要点细节，并强调技术细节必须慎之又慎。

在确定种间杂交是毛白杨育种基本技术前提下，杂交方式选择就是杂交育种要考虑的技术关键。朱之悌对植物的单交（A×B）、三交［（A×B）×C］、双交［（A×B）×（C×D）］和回交［（A×B）×A］技术，在染色体替换率、新染色体组重组以及理想新染色体组合出现概率的细胞遗传学原理作了综合比较分析，并结合国际上不同杂交方式在杨树育种中的杂种优势效果比较，认为种间单交使50%的染色体异源替换，破坏了物种长期进化形成的细胞学遗传平衡关系，可能是当时国际杨树单交育种杂交优势难有突破的根本原因。三交和双交在林木育种的例子少，但毛新杨×银灰杨培育的双交白杨杂种，在内蒙古西北地区栽培有较好的生长量和抗寒能力，显示双交在杨树育种上具有一定实用价值。

回交选育可实现对改良树种染色体组成不同程度的替换，是适宜毛白杨育种的首选杂交方式。回交的染色体替换比例可以小到只更换原改良树种染色体组中的一条或几条，而其他绝大多数染色体仍保持不变。因此，回交在育种上常用来改良植物的部分性状，并保持其他有益特性。在对毛白杨性状分析中指出其有益性状很多，但前期生长慢、造林蹲苗和叶锈病是存在的主要问题，如果能替换掉载有这些性状基因的染色体，使毛白杨前期生长快，造林不蹲苗，叶锈病免疫，则对毛白杨改良是个重大突破，对提高其生产力有重大意义。这正是回交技术的功能优势，从物种长期进化历程角度，回交对成功的物种进化也发挥了重要作用。基于回交理论与毛白杨性状表现特性的契合，利用回交技术作为毛白杨杂交育种的基本方式成为了毛白杨育种战略的重要技术决策。而当时替换个别染色体的回交在林木杂交育种诸方式中，尚未被广泛认识和应用，该技术路线在毛白杨改良中的成功应用和将取得的出色良种成果，对开辟和引领回交技术在林木育种中的应用研究作出了重要贡献。

植物育种实践中在二倍体基因组中增加一套染色体组，形成有三套染色体组的新种质，可以产生显著高于原来二倍体的基因效应。在白杨派杨树中，三倍体育种是一项创造更优性状改良效果的重要技术策略。在欧洲山杨三倍体育种中获得了出色的成功经验，三倍体山杨在生长速度、代谢强度、抗性力度都要比二倍体有显著提高，在材积生长上比二倍体有成倍增长，是目前任何杂交育种效果难以比拟的。林木树种育种成功之路，在于找到适合该树种最对路的育种方式，一个树种一个样，成功在于寻找。将欧洲山杨三倍体育种成功经验引入到毛白杨的育种战略，将会使毛白杨的遗传改良产生新飞跃。毛白杨育种找到三倍体，三倍体效应找到毛白杨，这是树种与育种方式之间的天作之合。

毛白杨的回交与三倍体培育聚合育种［$(A \times B) \times A_{2n}$］策略，是对林木育种方式的创造性贡献。回交育种与三倍体育种结合而产生的染色体部分替换＋染色体加倍的回交＋三倍体育种，有可能产生集回交导入优良性状效应、剔除不良性状效应、染色体组增加的基因剂量效应为一体的理想重组基因型，使回交三倍体育种的综合改良效果和重要经济性状的遗传增益猛增，创造出双倍甚至三倍的效果（图2-3），一箭三雕，使杨树杂交育种的材积生长达到创纪录的水平。育种实践结果显示毛白杨回交杂种三倍体新品种在5年生时胸径生长达15~20cm，遗传增益在300%以上，为原来二倍体毛白杨生长量的2~3倍以上，证明了朱之悌创造的“回交＋三倍体育种”是杨树改良的成功且卓越的技术路线，是对杨树育种理论与技术

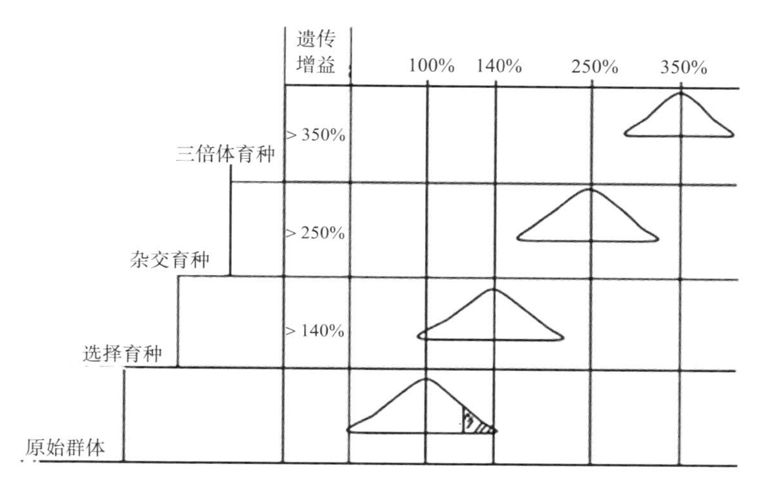

图 2-3　毛白杨不同育种策略带来不同育种增益示意图

发展作出的重大贡献。

在对毛白杨育种目标和技术路线深刻思考和战略抉择过程，特别是最终将毛白杨育种的技术策略聚焦到与树种特性密切结合的回交和三倍体聚合育种上，总结到“杨树杂交育种，从择其战略要害而攻之的角度来看，杨树育种战略一定要抓住战略研究要害突破口。因为在育种全过程中，从亲本研究、攻关目标、杂交方式、杂交技术、良种繁育这些环节来看，每一个环节固然都可构成其育种战略。然而由于树种不同，育种目标不同，这些战略研究要害的突破口是不同的。择其最关键要害的突破口而攻之，方能事半功倍。绝不能赶时髦而忽略了战略核心，实质上在更为重要的战略研究上，要找出整个战略研究的突破口，集中兵力、重点突破，择其要害而攻之”。“突破口找对了，战略战术应用得当，定然在短期内就可取得重大的进展”。

一个树种的育种战略制定，还需要充分了解其生物学特性，而在理论基础研究与应用研究不能兼顾时，应用研究要放在首位。毛白杨育种战略研究还涉及细胞遗传学与生理生化等方面的复杂机理，而机理研究需要牵扯一定精力做复杂的研究探索，在有限的攻关期限内很难解决。由于机理研究与应用研究不可兼得，确定先致力于应用研究，机理研究暂放一边，乘胜直攻目标。并基于20世纪60年代花较大精力做毛白杨扦插生根抑制剂研究有过的教训，朱之悌感慨道“丢了育种本行的主帅不当，而去当人家机理研究的小兵，无论如何是不可取的”，并特别强调：“我们育种人应做育种事，这才是正道！”

如今，林木遗传育种学科所重视的性状遗传调控机制研究，其最终目的也是为更精准高效的育种实践提供理论依据，用科学理论指导技术创新与应用发展是必然趋势。毛白杨育种技术路线的制定，也是充分解析与对比了各种育种技术路线的理论依据和实践效果，全面系统分析了当时毛白杨的生物学和经济学特性的理论基础，将遗传学理论与树种育种需求密切结合，结合毛白杨生物学和经济学特性，多方案比较论证后作出的科学决策。“育种人应做育种事”是正道，而正道之行必须要有科学理论引领，两者相辅相成，不是对立关系。育种借助的理论基础高低与作出育种事的水平有密切关联，新的理论会催生更高效的技术创新和更优异的林木育种成果。单纯凭借实践经验的育种大多事倍功半，而科学育种就需要以现代生物学理论为指导，要事半功倍做育种。毛白杨育种技术路线的制定，就是当时遗传学理论最出色的育种应用。

遗传测定在林木育种战略中具有重要地位，是育种研究工作核心，对育种质量的保障与提高有关键性作用。毛白杨以无性系栽培为主，无性系测定是其遗传测定的主要途径，是揭示其性状遗传变异规律，解析影响性状表现变异的遗传、环境和遗传与环境互作效应，评价各无性系在特定环境下性状表现的主要技术手段。毛白杨的无性系测定对象主要包括有从各分布区选择收集的古树、大树、优树用嫁接繁殖的无性系和用根萌条繁殖的无性系，也包括各杂交组合的子代杂种中选出优良单株扦插或嫁接繁殖的杂种无性系。

不同来源和繁殖方式的无性系，可反映的遗传与生理信息不同。对选择收集的古树、优树枝条用嫁接繁殖的无性系而言，因大树上采集的枝条具有生理成熟效应，在嫁接植株上仍能有一定程度的成熟效应表现，嫁接无性系间的生长性状因受接穗成熟效应差异的C效应影响，会导致对遗传测定与评价结果的偏差，而是开花结实和物候等成熟性状测定的适宜材料。用大树根萌条繁殖的无性系则保持了年龄幼态的一致性，是无性系生长性状遗传测定的理想材料。用年龄一致的杂种实生苗扦插繁殖的无性系，其生理年龄可比性一致，是杂种无性系对此试验和选择的重要原始材料。

无性系测定可分为苗期测定、造林测定和区域化环境测定三个阶段，不同测定阶段有不同的任务目标，直接影响选育原种的质量效率。苗期测定的重点是速生性、适应性、形态特征和物候表现差异等，并从大规模供试无性系中初选少数育种目标性状表现突出以及有较高育种潜力的优良无性系。造林测定的重点考察苗期初选优良无性系的林学特性、生长节律、生产力和材性等性状与技术指标，并进一步精选符合育种目标的个别最优无性系。而区域化试验的重点是考察最优无性系与多样主栽生境的互作效应，各无性系的环境适应域和反应规范以及最适生境，进而为各无性系选择最适推广区域，或为多个地区推广稳定性好、生产力较高的通用型优良无性系，为特定生境或多种生境选出进一步繁殖成品种的毛白杨原种。

不同来源无性系的测定规模，毛白杨主栽区和代表性立地生境选择，苗期、造林和多生境区域化测定时间的长短等因素影响遗传测定效率与效果，直接涉及毛白杨育种周期长短与遗传增益效率。朱之悌根据需测定的遗传材料来源和特点，确定了不同的无性系材料的测定目标与任务，构建了大树枝条嫁接繁殖的花枝圃、大树根繁无性系建立的根繁圃、杂种无性系苗期测定圃、单点与区域化无性系测定林构成的毛白杨无性系遗传测定体系，确定了不同测定阶段重点考察的性状指标，最早可根据测定周期、无性系的选优和去劣策略、优良无性系的入选率、遗传增益估算方法和优良无性系标准等技术要点，为在8~10年内高质量选出优良无性系提供了重要战略设计。

三、高效繁育，质量先行

良种繁育，即良种的规模化生产，是优良原种无性系成为可规模化生产利用的良种（品种）、实现育种工作成果社会价值的终端环节，科学制定最适于树种特性的高效繁殖技术路线，是良种推广的重要技术保障。

高效的无性繁殖技术体系是制约毛白杨良种规模化推广的首要难题。杨树良种的枝条扦插繁殖是生产技术相对简单无性繁殖途径，在黑杨和青杨派树种的良种无性繁殖中简便易行；而白杨插条生根困难，成苗率低，毛白杨枝条扦插技术研究从20世纪50年代后的30年里仍没取得突破性进展，成为白杨良种繁育的世界性难题，严重制约了白杨新品种的规模化生产利用和无性系林业建设。国外白杨采用根繁与分蘖繁殖可为有限规模造林提供苗木，欧洲三倍体山杨的无性繁殖是用组培技术，我国白杨无性繁殖是用嫁接繁殖育苗来解决白杨大规模的生产需求。而嫁接繁殖需要砧木培育与嫁接等多个技术环节，技术质量、复杂度和人力成本较高，而技术效率显著低于枝条扦插繁殖，且枝条的生理成熟效应对植株生长也会有一定影响。随着白杨纸浆产业等的发展，白杨造林规模的日益扩大及对良种苗木的大量需求，解决毛白杨良种高效无性繁育的系列科技难题，促进良种优质苗木的大规模生产，就成为毛白杨育种战略的技术体系中最后的攻关要点。

毛白杨良种的无性繁殖技术体系的核心是确保良种苗木的遗传品质与生产力。无性繁殖技术除了要首先考虑繁殖技术的效率、效益和效果问题外，还须考虑如何保持品种的纯化，防止品种植株生理老化导致生产力下降，以及三倍体退变为二倍体丧失基因计量效应优势等问题。无性繁殖材料幼化，品种遗传特性和倍性检测在无性繁殖过程均要兼顾，以确保回交三倍体品种苗木的年龄幼态和种性优良。

林木的良种繁育受到技术本身和行政管理方面的制约。在良种繁育技术路线制定过程，阐明林木良种繁育区别于育种战略研究中的其他技术，既要受到技术特点与应用条件的制约，还要受良种繁育相关的行政法规、规章制度等对品种推广过程管理约束。

良种繁育是以多学科理论指导为基础的技术体系。从良种繁育技术层面考虑，朱之悌提出毛白杨良种苗木的无性繁殖需要体现育种学特性与种苗学要求的指导思想，明确了符合育种学要求的良繁技术原则：①繁育材料源自无性系良种；②苗木符合优质标准，无位置效应表现；③苗木幼化彻底，无成熟效应表现；④同无性系分株间表型一致；⑤繁殖方法先进，繁殖系数大，从一原株出发，一年扩繁的苗木可达上千株，能满足产业化栽培的需要。他强调每项原则都对良种繁育成败有重要影响，在良种繁育中不可或缺。过去数十年许多杨树良种在繁育过程遭受损失的主要原因，就是在良繁过程没有考虑或兼顾这些维持良种生命力的技术原则。关于杨树良种繁育技术原则的学术思想对毛白杨良种繁育体系的构建和创新发展具有重大理论和实践意义。

朱之悌总结林木良种繁育特点时指出，一个科学的良繁标准，是不能离开与之配套的良种良法培育制度的科学内涵的，否则良种繁育学或种苗学就失去了“多学科技术密集型产业”的学术定位了。这对林木良种繁育事业健康发展有重要的启示与指导（图2-4）。

综上所述，毛白杨育种战略体系与各技术要点制定的学术思想，充分体现了朱之悌的大情怀、大格局、大科学、大智慧、大艺术的卓越学术思想意境。国家的重大需求是育种战略制定的动力源泉，世界专业理论与技术成果奠定了战略基础，多学科知识交叉融合形成了战略指导思想，理

图 2-4 2002 年，朱之悌在河北威县毛白杨基地

论与树情、国情密切结合激发了灵活机动的战略战术，全面布局、统筹兼顾、有轻有重、有急有缓、有取有舍、有先有后、以大见小、以宽见窄、以短养长、独辟蹊径形成了毛白杨育种战略的思想风格，体现了高超的科学智慧。这必将统领毛白杨育种事业取得一个又一个的伟大胜利！

参考文献

康向阳. 毛白杨细胞遗传与三倍体选育的研究[D]. 北京: 北京林业大学, 1996.

林惠斌, 朱之悌. 毛白杨杂交育种战略的研究[J]. 北京林业大学学报, 1988, 10(3): 97-101.

刘洪庆. 毛白杨良种繁育技术的研究 [D]. 北京: 北京林业大学, 1998.

马常耕. 我国杨树杂交育种的现状和发展对策[J]. 林业科学, 1995, 31(1): 60-68.

盛莹萍. 毛白杨成年树木的成熟效应研究[D]. 北京: 北京林业大学, 1989.

王明庥, 黄敏仁, 邬荣领, 等. 美洲黑杨×小叶杨杂交育种研究[M]// 林业部科技司. 阔叶树遗传改良. 北京: 科学技术文献出版社, 1991: 1-19.

徐纬英. 杨树[M]. 哈尔滨: 黑龙江人民出版社, 1988.

朱之悌, 林惠斌, 康向阳. 毛白杨异源三倍体B301等无性系选育的研究[J]. 林业科学, 1995, 31(6): 499-505.

朱之悌, 林惠斌. 森林基因资源收集、保存的要点和方法[J]. 世界林业研究, 1992(2): 13-20.

朱之悌, 盛莹萍. 论树木的老化: 幼年性、成年性、相互关系及其利用[J]. 北京林业大学学报, 1992, 14(增刊3): 92-104.

朱之悌. 毛白杨良种选育战略的若干考虑及其八年研究结果总结[M]// 林业部科技司. 阔叶树遗传改良. 北京: 科学技术文献出版社, 1991: 59-82.

朱之悌. 毛白杨遗传改良[M]. 北京: 中国林业出版社, 2006.

朱之悌. 毛白杨走出繁殖困境: 一株三年变百万[N]. 中国林业报, 1993-05-06(003).

朱之悌. 林木无性繁殖与无性系育种[J]. 林业科学, 1986, 22(3): 280-290.

朱之悌. 毛白杨优树快速繁殖方法的研究[J]. 北京林业大学学报, 1986, 8(4): 1-17.

朱之悌. 全国毛白杨优树资源收集、保存和利用的研究[J]. 北京林业大学学报, 1992, 14(增3): 1-25.

EINSPAHR D W. Production and utilization of triploid hybrid Aspen[J]. Iowa State Journal of Research, 1984, 58(4): 401-409.

LIBBY W J.The use of vegetative propagules in forest tree improvement[J]. N. Z. J. For. Sci., 1974(4): 440-447.

PALMBERG C, FAO, ROME. Principles and strategies for the improved use of forest genetic resources[M]. FAO Forestry Paper No.20 Forest Tree Improvement, 1985: 24-37.

TEISSIER DU CROS E. Breeding strategies with poplars in Europe[M]. For. Eool. and Manag., 1984(8): 23-39.

ZHU Zhiti. Collection, conservation and breeding studies of genetic resources of *Populus tomentosa* in China[J]. Proceeding of 18th Session of IPC AD HOC Committee of Poplar and Willow Breeding FAO Rome, 1988: 51-58.

ZHU Zhiti, KANG Xiangyang, ZHANG Zhiyi. Advances in the breeding program of *Populus tomentosa* in China[J]. Journal of Beijing Forestry University (English Ed.), 1997, 6(2): 1-7.

ZOBEL B, TALBERT J. App1ied forestry tree improvement[M]. Waveland Pr Inc, 1984: 309-345.

第三章

百县选优，怀微虑远：毛白杨种质资源收集与利用学术思想

20世纪60—70年代，森林基因资源保存成为全球关切的热点问题之一，但国内森林基因资源保护的研究工作相对较少。朱之悌参照联合国有关文件，系统创新毛白杨基因资源收集、保存及遗传基础研究思路，辩证地厘清了选择保存与进化保存的关系，强调了种子保存是森林基因资源保存的主要材料形式，提出了“均匀分散、择优调查”的收集原则，并设计实施了挖根复幼和花枝嫁接并存的优树种质资源取样思路；构建了无性系档案库、无性系标本园、引种圃、杂种圃配套的种质资源基因库体系，明确了种质资源收集保存是为长周期林木育种服务的核心思想，贯彻了边造林、边测定、边选择的创新思想，建立了试种林、种源林和测定林的苗期三级筛选模式，为毛白杨可持续改良打下了良好开端。

种质资源是关系国家生态安全、可持续发展和国际竞争力的基础性和战略性资源，是现代种业科技原始创新的物质基础。党的十八大以来，围绕国家种业振兴计划等一系列创新工程的实施建设，习近平总书记多次发表“加强种质资源保护和利用，加强种子库建设”等重要讲话，种质资源已成为现代种业发展的“硅片”，从根本上保障了突破性良种持续创新与利用。尤其从国家安全角度来看，民族种业发展务必要保证突破性良种的种源自主可控。因此，我国乡土树种基因资源收集、保存与创新利用工作极其重要。2017年以来，林木种质资源设施库主库与分库“1+6”建设工程业已由国家投资建设，彰显了当前种业振兴计划实施背景下国家对种质资源保护和开发利用的特别重视。在该研究领域，如果追溯乡土树种基因资源收集保护研究历史，在国内最早的倡议者和践行者正是朱之悌（图3-1）。

20世纪60—70年代，伴随全球范围内日益严重的无节制林木采伐，导致森林面积缩小，森林基因资源多样性遭到破坏，物种消失，森林基因资源保存成为全球关切的问题之一，也成为当时国际性林业会议讨论的热点。针对这一热点问题，1975年，联合国粮食及农业组织和联合国环境规

图 3-1 1987 年 5 月 20 日，朱之悌（左）访美学习期间与在美国南伊利诺伊大学访学的续九如老师（右）合影

划署颁发了“森林基因资源保存方法学”，作为全球性纲要敦促各国政府予以支持，并对此采取行动。联合国粮食及农业组织和联合国环境规划署还提供了专门基金，以期在全球范围内实现这一计划。为配合这一行动，国际林业研究组织联盟（IUFRO）还专门成立了种源育种和基因资源工作组（S2.02）及基因资源保存工作组（S2.02-02）配合工作。自此以后，不仅是联合国各种组织的官方活动，而且贯彻这一活动的学术讨论和技术培训也日益活跃起来。尤自“酸雨”发生以来，欧洲一些工业发达国家成片森林死亡灾难出现以后，森林基因资源保存的问题更为迫切，成为当时各国政府首脑及科学人士讨论的热点。因此，尽快通过实施基因资源多样性保护之路，改善人类赖以生存的、以森林为主体的生态环境，缓解人类生存所处的极大威胁，已成为林业发达国家的共识。

我国负责林木基因资源收集保存工作的林业行业对联合国的保存规定还不太熟悉，基因资源保存工作的实施在20世纪60—70年代我国林木树种上尚属空白，是机遇、责任更是难以预测的挑战。在当时，针对国家木材资源短缺和优质高产林木良种缺乏的重大需求，为了更好地执行林业部下达的毛白杨良种选育协作攻关课题，朱之悌正带领北京林业大学毛白杨科研组从事良种选育具体工作。在制订实施计划时，朱之悌就提到要在全国范围内开展毛白杨基因资源收集保护的设想，并论述了建立基因库在支持良种可持续选育中的必要性，这种前瞻性的科研思维，凸显了朱之悌在科学研究中的过人之处，总能抓住问题的关键所在。在正式启动基因资源保存之前，朱之悌阅读了联合国颁布的有关文件，首先明确了森林基因资源保存的根本目的在于防止基因丢失，防止物种绝灭，维持森林资源的多样性和永续性，维持人类赖以生存的生态环境；了解认识到保存的种类除了保存整个生态系统、保存优良种源林分的原境保存外，尚有取样于原始群体，在异境下重建新的林分的异境保存；从理论和实践层面论证了保存原始群体基因型频率的静态保存、保存原始群体基因（包括等位基因）频率的静态保存、进化保存和选择保存等四种不同保存类型的可行性。朱之悌关注国际同领域发展态势，又不盲目相信国际权威，针对权威可以做到充分论证，结合国内育种实际情况敢于大胆求证、独辟蹊径，用实践检验真理。正是因为朱之悌主动对接全球发展趋势，注重国际先进理念的吸收和再创新，才走出了一条无法复制、自主创新的毛白杨“种业革命”的道路（图3-2）。

在此，本章根据朱之悌主要科研文献资料，系统剖析种质资源收集、保存与利用研究设计中的学术思想，重点追踪其第一阶段学术思想内容的独特鲜明之处。特别是在了解第一阶段种质资源保存利用战略布局的基础上，总结前期学术思想对后续两个阶段研究思路的辐射与影响作用，学习朱之悌“长期育种战略和短期育种目标相结合”的求真务实风格，大处着眼，小处着手，体会朱之悌在科研设计中“看似波澜不惊，实则决胜千里”的战略科学眼光。正如朱之悌所说：“对于一项成功的林木育种战略来说，究竟应包括哪些方面（内容）才是其共性与个性所要求的呢？这可

图 3-2　1989 年 11 月 2 日，毛白杨优良基因资源收集保存利用研究在山东冠县苗圃通过林业部组织的科技成果鉴定

能是个前人未曾明确回答的问题”。他认为育种战略的共性问题至少应包括以下三方面内容：①育种原始材料收集、保存及有关性状遗传学研究；②育种目标的制定及其所采用的技术路线；③育出新品种的良种繁育。其中，如何开展全分布区100个县的种质资源取样筛选、标准定位，如何同时收集根条和花枝建立根繁基因库与花枝标本园，如何开展10个省（自治区、直辖市）种源试验选择优良无性系等，上述这几个问题的顺利解决正是毛白杨良种选育初期阶段学术思想的闪光点。查阅朱之悌有关林木种质资源收集保存与利用研究的学术资料，足以让人们深深体会到毛白杨遗传改良实践是一个林木育种思想和技术科学创新运用的典型案例。在朱之悌的毛白杨育种战略规划中，一方面抓住了育种程序上的一般性问题（共性），坚持总纲不动摇，胸中有丘壑；另一方面，针对具体解决细节（个性），可以随时提供优化调整方案，处处独辟蹊径，体现了朱之悌卓越深厚的专业功底，值得人们研究学习。

第一节

毛白杨种质资源收集与利用的研究背景

20世纪50年代以后，随着全球经济的复苏发展，对木材等原料资源的需求日益增多，全球范围内森林资源遭受到日益严重的采伐，生态条件日趋恶化，基因资源多样性伴随森林面积的急剧减少而导致不可恢复性的破坏，每天都在上演着物种消失灭亡的惨剧。由此引起恶性循环，人类面临着有朝一日因失去森林而失去大地的危险。联合国一些文件中经常向人们提醒“我们没有从父辈中继承大地，只不过从子孙手中借用了它”，以此来敦促当代人要向下一代负责。因此，要保存森林，更重要的是要保存森林物种；而要保存物种，首先是要保存物种内性状的多样性（遗传变异），基因多样性消失，是物种消失的前导。性状多样性是由决定或控制同名性状的等位基因决定的，因此，保存多样性的森林资源，实质是要保存多样性的基因资源，于是“森林基因资源保存”这一概念在20世纪70年代被提上了日程。

一、森林基因资源保存成为全球关切的问题

在当时的社会经济与科学研究背景下，森林基因资源保存成为当时国际林业领域兴起的重要研究方向。国际植物遗传资源委员会（IBPGR），联合国粮食及农业组织（FAO），国际生物学局（IBP），国际自然和自然资源保护联盟（IUCN），国际林业研究组织联盟（IUFRO），联合国开发计划署（UNDP），联合国环境规划署（UNEP），联合国教育、科学、文化组织（UNESCO）8个国际组织，从分工负责的角度，达成统一共识，联合呼吁各国政府重视森林基因资源保存。为统一行动，1974年，联合国组织了森林基因资源保存专家组，为联合国起草了森林基因资源保存和利用的全球性纲要，作为指导这项工作的行动指南。首次提出原境保存和异境保存的倡议，作为进行森林基因保存的基本方式。后来这份由罗捷（L. R. Roche）主编的报告，收集了其他专家的文章，这些材料后来由

主编罗捷（L. R. Roche）起草主题报告并汇同其他资源保存专家的文章，以“森林基因资源保存方法学”命名，于1975年由联合国粮食及农业组织和联合国环境规划署颁布，作为一份官方核准的全球性纲要，指导世界范围内的森林基因资源保存工作，并特别敦促各国政府予以支持，并对此采取行动。联合国粮食及农业组织和联合国环境规划署还提供了专门基金，以期在全球范围内实现这一计划。为配合这一行动，国际林业研究组织联盟（IUFRO）还专门成立了种源育种和基因资源工作组（S2.02）及基因资源保存工作组（S2.02-02）以配合工作。

自1975年以来，森林基因资源收集保存任务作为全球战略性研究课题引起各个国家的重视，也一直是国际性林业会议讨论的热点。自此以后，不仅是联合国各种组织的官方活动，而且贯彻这一活动的学术讨论和技术培训也日益活跃起来。如1977年在澳大利亚，1978年在印度尼西亚，1982年在罗马，1990年在加拿大等地的国际林业会议上，森林基因资源保存问题成为被十分关注的问题之一。尤自“酸雨”发生以来，欧洲一些工业发达国家成片森林死亡灾难出现以后，森林基因资源保存的问题更为迫切，成为当代各国政府首脑及科学人士讨论的热点。

二、国内森林基因资源研究刚刚起步

国际森林基因资源保存的许多文件公布之时，正值我国“文化大革命”末期，拨乱反正，百废待兴，国内在该领域尚未有关于森林基因资源保存的相关学术资料，森林基因资源保存内容的主要要点，即收集保存的由来以及保存的目的、对象、方式、种类、材料、方法等均不被同领域系统了解，行业科研人员更是对联合国相关的保存规定等国际学术热点还不太熟悉。为提高国内同领域对该问题的认识和重视，朱之悌在国内首次整理了森林基因资源保存相关的综述，系统科学地论证并定义了森林基因资源保护主要学术框架及学术要点，通俗易懂，深入浅出，成为后期该领域森林基因资源高质量保存与开发利用的重要参考。例如，首次明确了森林基因资源保存的根本目的“在于防止基因丢失，防止物种绝灭，维持森林资源的多样性和永续性，维持人类赖以生存的生态环境。保存的种类除了保存整个生态系统、保存优良种源林分的原境保存外，尚有取样于原始群体，在异境下重建新的林分的异境保存”。对于异境保存，进一步论证了进化保存和选择保存两种保存类型的区别与应用范围，围绕育种服务目的，建议只从原始群体中挑选部分树木，如直干、速生、抗病虫害、无节、材性好等有育种价值的优树，加以繁殖保存，目的在于防止这类资源丢失和利用。所以这种保存投资少、效率高、目的明确，是当时林木资源异境保存的主要形式。对于平原阔叶散生树种，提出最可行的方式仍是异境选择保存，并特别指出国内对优树基因资源保存认识的误区，认为产生这一误区原因，是对森林基因资源保存有许多种类和其中之一的选择保存的概念不熟悉的缘故。

三、毛白杨基因资源收集与保护必要且迫切

毛白杨基因资源保存工作，是国内林木遗传育种领域参照联合国有关文件的首次科学实践。1983年，朱之悌主动响应联合国的号召，为了更好地执行林业部所领导的“七五”计划中毛白杨良种选育协作攻关课题，带领毛白杨科研组从开始制订研究计划时，就充分注意了保存毛白杨基因资源的必要性，提出了三个充分的理由：①毛白杨是我国特有的珍贵乡土树种，其分布区仅在中国，对它进行基因资源保存是我国不可推卸的责任，丢失了它，就意味着从地球上绝灭了这一宝贵物种和资源。②毛白杨在我国多四旁种植，很少实生林分分布，由于生长迅速，轮伐期短，栽种地点变化很大。在频繁更替中，优良的基因型首先成为竞相砍伐的对象，这一趋势一直存在而且与日俱增。这些伐去的树木，很少是先繁殖后采伐，而是见了就砍，实际上是损失基因型，依此丢失速度来看，如不采取措施，再过100年，毛白杨多样性基因型，将损失殆尽。③当前存在的毛白杨优树，再过10年，估计有25%进入伐期，多样性的基因型将被砍去，代之而起的是一些初期生长较快的少数无性系，遗传基础迅速窄化，一旦遇上病虫害的发生，存在毁于一旦的风险。尤其在全国选优计划统一行动实施背景下，基础窄化得越快，风险就越来越多，损失也就越来越大。该研究工作的实施及取得的成果，打消了一些学者对优树基因资源保存是否属于国际森林基因资源保存的概念范畴的顾忌，再一次印证了针对实际育种问题不要“照本宣科”，更要结合育种战略问题进行科学创新，有些方法策略上的变通反而是符合实际需求，且高效可行。因此，在第一个学术阶段形成的早期学术思路和规划，虽然只属于朱之悌结合整体育种战略的局部学术思考，但其科研思维和大局视野，已显现出一个行业战略科学家的潜力和风范。

第二节

毛白杨种质资源收集与利用学术思想

朱之悌在其遗著《毛白杨遗传改良》中指出，毛白杨育种取得成功的关键之一就在于育种战略的缜密。朱之悌专业知识扎实、实践经验丰富，熟悉国内外育种案例研究进展，在经过充分的科学分析和论证之后，高瞻远瞩，统筹全局，在难题迭出、程序繁杂的育种实践链条中抓住了关键环节，通过对毛白杨基因资源的采集和保存及其遗传基础的研究，制定了改善毛白杨早期生长缓慢的性状，以培育周期短的新品种为主要目标的研究策略，解决了毛白杨无性繁殖的困难，保证了新品种的规模化生产。当通过查阅资料总结朱之悌当年的技术路线安排时，不仅清晰地看到了上述阶段目标的彼此呼应和环环相扣，而且也惊叹于朱之悌“弘毅笃行并实现知行合一”的学术大局观。其中，朱之悌率先把毛白杨基因资源收集、保存及其遗传基础研究作为起点，并寄希望于对分布广泛、类型多样的基因资源收集评价的实践积累，来找出“解决毛白杨前期生长缓慢的性状、培育短周期新品种”这一主攻目标的关键对策。正是通过对种质资源的收集与保存过程中无性根繁与花枝标本园建设的实践总结，为后期“解决毛白杨无性繁殖难关，实现新品种大规模投产”提供了重要借鉴。整个技术方案环环相扣，前期工作为后期攻关提供了扎实基础，厚积薄发，一旦抓住基因资源收集保存这个“牛鼻子”，宝贵的实践经验和丰富的种质资源必然为育种战略的全盘胜利提供了良好开端，逐渐形成了创新学术思想。

一、厘清了选择保存与进化保存的关系

育种原始材料的收集保存和原始材料有关性状的遗传学研究，是新品种选育的物质基础。因此，收集的材料除了用作杂交亲本的树种外，最好还应该收集亲本近缘树种和亲本起源的杂种，将它们一一收集起来定植于收集圃或基因库中，以做保存。收集保存有两种形式，一种是原境保存（conservation *in situ*），另一种是异境保存（conservation *ex situ*）。原境

保存强调的是在原环境或原生境下的保存，至于一定是否属于就地保存或不就地保存并不太重要。有时树木分布十分分散和零碎，像某些阔叶树没有集中连片的林分，如果强调到处设点就地保存，势必造成人力与财力的浪费。还不如因地制宜：有集中永久林分的，就进行就地保存，如种源保存、优良林分保存或划定自然保护区保存；无集中永久林分的，就从分散单株或片林上采种造林，于原环境或林分附近的某处集中营造保存林分。这两种情况都属于原境保存。所以，“conservation *in situ*”译为“原境保存”比今天人们常称的“就地保存”含义更为贴切。

异境保存指从原株上采取种子、枝条后，在分布区另外一个地点（如分布区某个中心地点）加以定植保存。这种保存又分为4种形式，其中选择保存（selective conservation）是目前国际上最广泛采用的形式，即将专门采集的所需材料（如优树）进行保存，保存的目的在于提供优良性状的基因作为日后育种之用。至于这个优良性状的其他等位基因就不收集，如就优树而言，只收集生长快、材质好、干型通直、抗性优良的这部分基因个体，而那些生长慢、材质差、干型弯、抗性差的这部分基因个体，则予以淘汰，拒不收集。择其优者而收集之，这就是选择保存。国内有的学者认为，基因的收集保存一定要对全部等位基因加以收集保存，这才叫作基因收集与保存。其实从某个角度而言这是一种误解。对全体等位基因加以收集与保存，这只是基因收集与保存中的另一种形式，如原境保存，就是对包括整个生态系统在内的全部性状的基因和其等位基因的收集与保存，意在保存全部性状的遗传结构，这是一种费事费钱的保存，如仅从育种目的出发，则不必这么做，直接对目的性状进行有选择的收集与保存就可以了。

进化保存（evolutionary conservation）是适应性保存。形形色色多样性的个体，在新环境影响下，物竞天择，适者生存。在遗传、变异和自然选择作用下，林分朝适应的一方进化，最后保存下来的是与风土气候相适应的产物——进化保存的群体。这种保存广泛存在于全分布区多点种源试验、种源地理变异、引种试验和多树种适地适树、适品种选择等试验中。这些都可看作进化保存的结果。进化保存属于动态保存的一种，是林木基因资源异境保存的重要类别。接下来要介绍的选择保存也属于进化保存的范畴，只不过选择保存进化的方向不同：进化保存是朝自然选择的方向进化，其主宰作用是自然；选择保存是朝人工选择的方向进化，其主宰作用是人。两者都是在动态条件下边生长、边进化、边选择、边保存，都属于动态保存范畴。

选择保存（selection conservation）是指保存的对象是由人来决定，保存中和保存后仍不断进行选择。这种保存服务于人的既定目的，是为育种、经营或利用服务的一种保存形式，其主要目的仍是为了保存有重要经济价值的基因或基因型免于丢失或绝灭。所以，进行这种保存的林学专家，就不受保存全幅度等位基因的约束，而是在全林分中去挑选有意义价值的部分个体来进行保存，一般都是按育种目标或经营目标的选优标准来衡量，但总体而言，大多都是入选速生、直干、抗病、抗虫、材性好的优树，这就是森林基因资源保存中的选择保存。选择保存是当前林木基因资源保存中的主要形式。因为人们害怕基因丢失或灭绝，首先担心的是速生、抗虫、抗病、干型通直的基因。所以先把这一部分优树，可贵的林木基因资源保存下来再说。保存它们绝不全是为了育种，而是为了保存基因资源防止丢失和绝灭。其次，这种保存不强调收集或保存全部等位基因，而只是着眼于有经济价值的那些基因（性状），或干脆就是保存优树。所以保存优树也是基因资源保存中的一种。国内有的学者认为，要保存森林基因资源，就要保存所有全部等位基因，挑选一部分，丢弃另一部分，进行部分保存这不叫森林基因资源保存。这正是对选择保存缺乏了解的缘故。选择部分基因（性状）加以保存的选择保存，比所有等位基因都加以保存的原境保存省钱、省事、效率高。只花少量资金、少量土地、少量服务，就可收到较大的利益。所以选择保存是异境保存中的重要形式。迄今为止，国际上一切异境森林基因资源保存，只有这两种形式的保存，即选择保存和进化保存。选择保存比进化保存在资金和土地上花费较少，所以更容易为人们所优先接受。选择保存不足之处是保存的幅度较窄，只着眼于当今认识到的重要性状（基因），对未来的需求无法预料和满足。所以从全局来衡量，还是全面采种、全面保存（保存所有等位基因），即使是进化保存下的全面保存，也比一开始就很窄的选择保存为好。然而要做到这一点又涉及更多的人力、财力和土地问题，无法两全其美。对于分布区广泛的平原阔叶散生树种，如无集中林分，轮伐期短、栽培地点世代变化很大的杨树、柳树、榆树、槐树、泡桐等树种，在基因资源保存中走选择保存代替原境保存的路，可能是最为现实的办法。在这种情况下，通过采条繁殖进行优树基因型保存；建园采种，进行优树基因库保存，使无性与有性保存同时并举，这可能是最佳抉择。

作为林木育种战略内容之一的基因资源收集与保存，绝非是单纯地为了保存基因、防止流失的应急措施，而其主要目的还是为了提供杂交育种的有用资源。至于该杂交育种所属亲本的基因资源收集与保存的具体方法，就是这一共性程序下应回答的个性问题了。这是一个很大、涉及很多内容的题材，常因树种、攻关目标、技术路线的不同而不同。大体说来有以下内容：①选择收集如何布点；②如何选优；③如何取样；④如何幼化繁殖；⑤以何种形式保存，如何保存；⑥有效基因资源收集的客观评价。1975年，FAO颁布的“森林基因资源保存方法学”只是一个指导性文件，并没有具体到某个树种或某个收集保存目的的具体方法，因此，当应用到某一具体树种时，还有一段很长的路要走，有一段很长的消化过程，这是资源收集保存的个性与难处。尤其难度更大的是寓保存目的于育种研究之中。在保存的同时，能体现出育种研究的需要，能研究出该杂交亲本树种的群体变异结构。使收集保存的材料，正好捕捉了其最佳种源、最好林分、最优单株这三个变异层次；使收集的材料，正好满足了该树种资源变异幅度的整体性、最优单株的概括性和收集材料间无重复性的要求；使收集的材料，正好在保存过程中，尤其在多点、多层次的保存中也能研究出个别优树作亲本时的杂交可配性、有益性状的一般配合力和特殊配合力；尤其重要的是，一些传递重要病害的基因的遗传传递能力，它们相对性状在杂交过程中的隐显关系，这样做是为了研究和了解性状的谱系追踪，为将来万一发现病害时，就可以判断其带病的基因亲本来自何方，不致于像‘Ⅰ-214’那样，当‘Ⅰ-214’出现*Marssonina brunnea*病害时，还不知该致病基因是由哪个亲本带来的，导致无法追溯其来源而加以挽救。

二、提出了“均匀分散、择优调查”的收集原则

在全国收集与保存基因资源的基础上，朱之悌着手基因资源遗传变异形成的地理与遗传变异基础的研究。首先是多点种源试验，以摸清群体的遗传变异模式，选择出各地造林所需的最佳种源、最优单株（无性系）。其次要摸清品种苗木的调拨区域，做到适地、适树、适品种造林，在正式收集之前，不打无准备之仗，提前开展了分布区内的气候区划与普查选优的原则、布点和对象等准备工作，以期从气候角度将广大范围的分布区，区划成性质不同的若干个气候区，然后在各气候区内进行普查和选优，这样就能较易地掌握整个树种分布区内的群体结构和变异规律。因为从理论上讲，树木群体生长变异的异质性与多样性，首先取决于立地条件（包括气候和土壤）的异质性和多样性，而群体结构是立地条件异质性或多样性的反映，是树木长期对环境适应的结果。所以在普查和选优之前，先进行

气候区划，有助于对立地条件的了解。普查和选优必须以气候区为单位，在三大气候区内，以“均匀分散、择优调查”的原则进行布点，制定实施“气候大区—省—县—密集栽培点—优良林分或片林—优良单株”这一选优调查顺序。

创新是学术思想的核心属性，在种质资源收集保存工作中，要求种质资源收集能反映分布范围的整体性，在各气候区，每个县均进行资源调查和选优；保证地理种源的代表性，在每一个县内选择几个栽培点，每栽培点内再选择单株，同时完成代表性种源与优树收集；重视样本植株间的无重复性，保持选优地点和个体的距离等。通过“气候分布区—省—县”层次各选若干个栽培点进行收集，采用3株或5株大树法或绝对指标法进行选优，同时收集老树（50年以上）、优良类型以及天然林种质等，这样就保证了树种种质资源收集的全面性、代表性、优良性（目标性状）以及较高的遗传多样性。而来源广泛、遗传多样性丰富且高标准的优树种质资源，正是良种选育成果能持续高水平产出的关键所在。相比较而言，国内一些树种遗传改良之所以遗传增益不高，或者难以推动高世代育种，其根本原因也多是由于种质资源收集范围过小、标准过低、遗传距离较近等。

三、解决了收集的优良种质资源可比性的问题

R. Koster在1977年澳大利亚堪培拉第3届国际林木育种研讨会上，曾就“杨树基因资源保存与研究”发表文章，他虽然阐述杨树可用种子、枝条、花粉、组培苗等手段来保存（包括栽培保存与贮藏保存），但他仍强调用种子。只有在种子不易获得或获得也不能达到保存目的时，才用枝条。至于花粉、组培苗等材料，从目前技术水平和经济可行性来看，大规模保存林木，它们只不过是种子、枝条以外的一种有益的补充而已。因此，育种材料的收集和保存除了了解取样保存的组织或器官，还应该知道材料的取样方法，即从优树上采下的枝条或从根上挖取的根段，应该考虑所取的材料是用于无性系育种的测定还是有性繁殖下的结实。

采条异境保存是保存林木种质资源的重要方式。采条的目的，一是为了保存，二是为了繁殖，三是为了资源的开发与利用。因此，采条的器官和部位，首先取决于选优的目的。如果是为了无性系造林，则首先应消除老化，消除成年优树的年龄差别，使繁殖下来的材料，既无成熟效应也无位置效应。这样经过复壮的材料，才有幼年性和可比性，才能通过无性系测定，筛选出速生优质的基因型，用于无性系造林。如果是为了提供杂交

材料，则应采集成年性的花枝，这样几年后就可提供大量的花粉与胚珠，用于控制授粉和结籽。恰如建种子园的材料那样，朱之悌正是为这两个目的而考虑采条的器官和部位的，即通过人工促萌、嫩枝扦插，获得幼年性的根萌苗无性系，保存在无性系档案库中；从优树上采花枝条，通过嫁接获得成年性的花枝苗，保存在无性系标本园中，即同一株优树采两份样，分别保存在档案库与标本园中。以上构建了以测定林为指导，以标本园为基因重组场所获得优良基因重组种子的林木改良的配套程序。

在成年优树（几十年生或几百年生大树）选出之后且无性系测定之前，有一道必经的步骤，就是成年优树的幼化。幼化或称复壮，是指成年大树的衰老解除，恢复到幼态。正如成年大树有性繁殖时，都幼化到种子才去做种源试验和苗期对比试验那样，成年优树有一个幼化处理的过程，幼化后的试验材料之间，才有一致性和可比性，这才奠定了对比的前提。在无性系育种工作中也同样具有这个条件要求，即从大树上繁殖下来的材料必须幼化，必须消除原选大树的成熟效应、位置效应和年龄差别。不管原选大树的年龄多大，幼化了的材料扦插都能生根。用这些自生根的材料去做试验，无性系测定才有可靠的结论。

然而，成年大树上何处可以找到这样的幼化材料使扦插容易生根呢？国外在老树幼化上有无好的经验？德国J. Kleinschmit在挪威云杉无性繁殖上是用种子，然而种子并非优树，优树好并非种子也好，这就增加了子代测定的问题。澳大利亚的学者在桉树无性繁殖上除了取种子外，还取根桩上的萌条，因为根部存在幼年区，从幼年区上萌发的材料，是幼年性的。米丘林也认为：根的幼年性相当于种子。然而这两种办法对毛白杨都不适用。因为毛白杨是雌雄异株，雄株上无种可采，雌株上采种也不容易，因为有的雌株很少结籽；从根桩上采条也不现实，因为毛白杨多以行道树和四旁树出现，基部光滑，很少萌条。

参考美国G. Schier及加拿大L. Zufa等人在美洲山杨（*P. tremuloides*）上对根段不定芽发生的研究，第一次在毛白杨上应用挖根的方法，采用人工促萌、嫩枝扦插、容器育苗的方法，使幼化繁殖得以成功。仅1983—1984年，一共繁殖了940个无性系14660株苗木。平均扦插成活率在90%以上。扦插的苗木，无须任何处理可以生根，而且取得这么高的生根率，说明繁殖材料幼年性的重要性，这是当时提出的“无性系林业”理念的最初蓝本。

四、创新了边造林、边测定、边选择的选择育种策略

优树基因资源的收集与保存的最终目的在于利用，育种学研究则是利用的先导。首先，必须对收集的无性系进行无性系测定，以厘清各无性系的价值。无性系测定是将原生长在极不相同的生境下、年龄也不同的众多优树，用挖根促萌的办法而获得年龄一致的根繁苗，栽在环境相同的条件下的生长对比试验。目的在于测定每一株优树无性系的生长量、物候、冠形、干形、抗性及其他经济性状等。通过试验最终选出造林用的最佳种源、最优单株，为行道树、防风林、速生人工林提供繁殖用品种。在对比试验中，不同基因型的个体必然以其不同突出性状，引人注意以用于不同用途，如塔形耸立的毛白杨可用于防护林的营造；冠大如盖的毛白杨又是雄株，可用于行道树，以提供更大的绿荫；窄冠速生的毛白杨，可用于人工林中无性系造林，以获得更多的木材；某种性状特优的毛白杨可用于育种中的有用基因。总之，无性系测定是1047株优树的筛选手段，从中选出适于各种用途的无性系，最终可望获得品种。为此，围绕遗传改良的技术难题，朱之悌带领团队采用短期和长期相结合的方式进行无性系测定：短期的苗期对比试验和长期的优树试种林、种源林和测定林。除无性系测定外，收集在标本园和引种圃中的资源，还用于杂交育种和同工酶的分析等。对资源进行育种学研究，苗期对比试验首当其冲。由于不能将1047株优树等到1/2或2/3个轮伐期获得评价后再去选优与造林，于是贯彻边造林、边测定、边选择的做法，即在造林中测定、在测定中选择的原则。由于造林急需，朱之悌不得不从中挑选少数无性系（54个），作为权宜之计用于造林。在观察期短的情况下，通过早晚期相关的信息来确定入选的对象。然而苗期早期选择是否对晚期有效？早晚期生长相关的可靠性究竟有多大？苗期观察的年限要规定多长？这些就只好从解析树木早晚期生长相关中找到可供参考的信息了。

第三节

毛白杨种质资源收集与利用实践

一、创新分部位取样、保存的资源收集方法

特别值得总结的是，朱之悌在毛白杨种质资源收集、保存和利用过程中，最具创造性的是，要求每个种源地对各地的入选优树采取分别挖根和采集花枝收集优树种质资源的技术路线（图3-3）。当毛白杨优树根系和花枝集中运送到山东冠县苗圃后，其中根系进入温室沙培供促萌、嫩枝扦插，以消除成年优树的年龄差异，获得幼化根萌苗进行无性系测定，保证选育新品种的可靠性；而采集的花枝嫁接繁殖，获得保持成年性的花枝苗建立育种园，定植后2~3年即可开花结实，尽快用于杂交育种等。这是对毛白杨保存现今最现实的方式。因毛白杨多系四旁种植，成片实生林分很少，所以要想原境保存是很困难的。而异境保存也只有采条容易做到，因为种子是很难获得的；而且毛白杨是雌雄异株，雄株上根本没有种子，雌株上并非都有种子，如北京毛白杨和易县毛白杨雌株就很少结籽。1983—1984年，组织团队从1047株优树上挖取根条（表3-1），通过人工促萌、嫩枝扦插，获得幼年性的根萌苗无性系保存在无性系档案库中；从优树上采花枝条，通过嫁接，获得成年性的花枝苗，保存在无性系标本园中，即同一株优树采两份样，分别保存在档案库与标本园中。构建了以测定林为指导，以标本园为基因重组场所获得优良基因重组种子的林木改良的配套程序。采取这种分部位取样、分部位保存的毛白杨种质资源收集方法，在保证成功选育出一系列毛白杨雄株行道树和建筑材、胶合板材新品种的同时，还快速推进了毛白杨杂交育种和多倍体育种工作。后期各地通过审定并至今仍在城乡绿化中应用的毛白杨良种，以及北京林业大学五代育种人潜心毛白杨良种选育的亲本资源，均来自当年收集的毛白杨优树资源，以及基于这些优树建立的种质资源库。

作为基因资源保存，除了毛白杨树种外，朱之悌还设计实施了对毛

图 3-3　毛白杨分部位取样、分部位保存种质资源示意图

表 3-1　各省（自治区、直辖市）选优和汇集的毛白杨优树数目一览表　单位：株

代号	地区名称	优树数量	冠县繁殖成活数	优树类别				保存方式	
				古树	优树	类别	野生资源	档案库	标本园
0	北京	100	98	43	55			98	73
1	河北	250	242	18	160	45	19	242	240
2	山东	200	164	17	147			164	63
3	河南	250	241	11	171	25	34	241	184
4	山西	144	136	13	114	2	7	136	140
5	陕西	124	97	8	41	44	4	97	101
6	甘肃	40	37	5	32			37	26
8	安徽	15	10	2	6	2		10	13
9	江苏	23	22	4	18			22	10
合计	总数	1146	1047	121	744	118	64	1047	850
	比例 /%		100	11.6	71.1	11.3	6.1	100	81.2

白杨的近缘种及其杂种的收集与保存工作，以此作为毛白杨的育种群体，设专圃栽种在引种圃及杂种圃中。收集的主要代表性材料包括国产的白杨种及其杂种，如银白杨、新疆杨、河北杨、山杨、响叶杨、银灰杨、银新杨、毛新杨、南林杨、南毛新杨以及‘中27杨’‘冠毛54杨’‘鲁毛50杨’等，国外的白杨种有美洲山杨、大齿杨、银腺杨、欧洲山杨和欧美山杨

等。这些树木主要是为提供杂交用的基因而收集的，它们全部起源于花枝嫁接而来的自生根白杨无性系。此外，每年仍大规模进行杂交，由此获得的数万株苗木，保存在杂种圃中以作储备。以上4种形式的基因资源收集与保存，即毛白杨无性系档案库、毛白杨无性系标本园、白杨引种圃、白杨杂种圃4种圃地构成了毛白杨基因资源库。换言之，毛白杨基因库中4种资源均保存在山东冠县苗圃之中。这种系统化的多功能资源类型布局，为后期毛白杨育种工作的全面展开奠定了扎实的基础。

二、完成毛白杨全分布区种质资源收集保存

毛白杨主要分布在我国黄淮海流域100万km^{2}的10个省（自治区、直辖市）范围内，其中特别是河南、山东、河北、陕西等地分布比较密集，是平原农区四旁绿化和速生人工林常用树种。在河南、河北、山东和陕西山区，还可以找到成片分布的自然野生林分，在许多地方可以找到几百年生的大树。它的分布区虽然不大，但资源却十分丰富，在这100万km^{2}土地上，它的类型繁多、形态各异、生境复杂、生长速度、抗性、适应性等都相差很大。这都证明毛白杨是一个潜力很大、很重要的树种。然而像这样重要的国产树种，我们过去对它的遗传育种学研究很少，关于它分布区内的气候区划、生态区划、种源试验、群体地理变异模式都研究得很少，我们接受的遗传学遗产，只是一些零星的杂交组合。由于对群体的变异模式不清，所以导致生产上的繁殖和造林，均带有不同程度的盲目性，几年来都是“有什么种，育什么苗；有什么苗，造什么林”，距良种化的要求甚远。

为扭转这一局面，当务之急，是必须在全国收集与保存基因资源的基础上，着手基因资源的研究。首先是多点种源试验，以摸清群体的遗传变异模式，为在毛白杨分布区内，提供各地造林所需的最佳种源、最优单株（无性系）。其次要摸清品种苗木的调拨区域，做到“适地、适树、适品种造林”，当时计划争取到2000年时，实现毛白杨造林良种化和繁殖材料的更新换代。为达到这一目标，1982年朱之悌组织了10个省（自治区、直辖市）协作组，以期进行一次全国性的毛白杨选种资源普查，并在普查的基础上结合优良基因资源的选择，进行优树资源的汇集与保存。在正式动手之前，不打无准备之仗，提前开展了分布区内的气候区划与普查选优的原则、布点和对象等准备工作（图3-4）。

在毛白杨现今栽培分布范围内，为了有效地进行普查和选优布点，先从气象角度，就对毛白杨生长和分布有较大影响的热、光、水三大气象因

子进行分布区的聚类区划，以期从气候角度将广大范围的分布区，区划成质上不同的若干个气候区，然后在各气候区内进行普查和选优，这样就能较全面地掌握整个毛白杨分布区内的群体结构和变异规律。因为从理论上讲，树木群体生长变异的异质性与多样性，首先取决于立地条件（包括气候和土壤）的异质性和多样性，而群体结构是立地条件异质性或多样性的反映，是树木长期对环境适应的结果。所以在普查和选优之前，先进行气候区划，有助于对立地条件的了解。

根据分布区内毛白杨分布的密集程度，以及对生长地区的覆盖性，朱之悌带领团队在全分布区内，设置了100个以县为单位的气象点，收集这100个点的有关气象资料进行气候区划。各点共收集16个反映热、光、水的气象因子（如年平均气温、大于10℃积温、无霜期、1月和7月平均气温、地温和日照时数及分布、降水及分布、经纬度、海拔等）。通过主分量分析，将错综复杂的多因子简化为贡献率较大的少数因子，作出排序图，以确定区划的大致轮廓；然后应用ISODATA模糊聚类方法，将排序图进一步改善，最终将整个分布区划分为三个气候区：Ⅰ. 南部气候区，Ⅱ. 东北部气候区，Ⅲ. 西北部气候区。其中南部气候区Ⅰ又分为$Ⅰ_1$和$Ⅰ_2$两个亚区。主要气象指标的差异见表3-2。研究表明，毛白杨三大气候区，在温度、光照、降水、海拔上有着显著的差别，呈有规律的变化：自北而南，温度增高，日照减少；自西而东，雨量增加，温度增加，海拔降低。这充分反映了我国为受季风控制的大陆性气候的国情，自东向西它在热、光、水上呈递减的分布规律，无不深刻地影响着我国的树木生长。以毛白杨为例，正如以后育种学研究将提到的，它的形态、抗性和生长量等，随气候区的不同而呈现有规律的变化。

考虑到普查和选优的目的是为了全面保存毛白杨这一珍贵优树基因资源使之不致于灭绝，并进一步对它开发和利用，因此普查和选优的原则，应是全面搜集和全面反映出毛白杨的整体性、变异的多样性和优良基因型的丰富性等特征。只有这样才能使搜集和保存的样本，接近于优树群体的本来面目。考虑到毛白杨主要属于平原树种，多为分散栽培，很少成片分布。因此，普查和选优必须以气候区为单位，在三大气候区内，以“均匀分散、择优调查”的原则进行布点，制定实施“气候大区—省—县—密集栽培点—优良林分或片林—优良单株”这一调查选优顺序。

创新是学术思想的核心属性，在种质资源收集保存工作中，要求种质资源收集能反映分布范围的整体性，在各气候区，每个县均进行资源调

表 3-2　毛白杨三个气候区气象指标汇总表

气象指标	Ⅰ. 南部气候区	Ⅱ. 东北部气候区	Ⅲ. 西北部气候区
纬度 N°	34.22（31.6~37.1）	38.18（36.4~40.4）	36.33（34.2~37.8）
经度 E°	113.22（107.7~117.9）	116.43（110.7~120.4）	110.2（105.2~113.6）
海拔 /m	224（39~568）	66（9~807）	1098（397~2112）
0cm 地温 /℃	17.4（15.1~18.7）	16.6（13.7~18.4）	13.9（10.0~17.3）
＞ 15cm 地温 /℃	14.1（11.2~16.5）	13.5（11.0~15.7）	11.8（10.8~15.7）
1 月平均气温 /℃	−0.43（−6.6~2.0）	−4.2（−7.3~−2.4）	−5.7（−8.9~−3.0）
7 月平均气温 /℃	27.0（23.5~28.5）	26.4（24.0~27.6）	21.5（16.9~26.8）
干燥度	0.65（0.25~0.95）	0.94（0.64~1.31）	0.70（0.40~1.07）
无霜期 / 天	201（139~237）	182（141~232）	171（126~210）
年均相对湿度 /%	69（59~79）	62（53~71）	62（53~74）
积温（大于 10℃）	4546（3417~4933）	4274（3898~4470）	3063（1925~4416）
日照时数 /（h/a）	2290（1983~2676）	2697（2274~2904）	2467（1916~2796）
日照百分率 /%	51（41~60）	60（52~66）	56（44~63）
年均降水量 /mm	733（526~1419）	606（454~714）	544（393~720）
年较差 /℃	27.4（25.0~30.1）	30.6（28.0~32.5）	27.3（24.4~29.3）
年均温 /℃	15.9（10.7~20.1）	12.2（10.8~14.2）	8.84（5.1~13.8）

查和选优；保证地理种源的代表性，在每一个县内选择几个栽培点，每栽培点内再选择单株，同时完成代表性种源与优树收集；重视样本植株间的无重复性，保持选优地点和个体的距离等。通过在毛白杨分布区的10个省（自治区、直辖市）100个县各选若干个栽培点进行收集，采用3株或5株大树法或绝对指标法进行选优，同时收集50年生以上的老树、优良类型以及天然林种质等，这样就保证了毛白杨种质资源收集的全面性、代表性、目标性状优良性以及具有较高的遗传多样性水平。而来源广泛、遗传多样性丰富且高标准的优树种质资源，正是今天毛白杨良种选育成果能持续高水平产出的关键所在。相比较而言，国内一些树种遗传改良之所以遗传增益不高，或者难以推动高世代育种，其根本原因也多是由于种质资源收集范围过小、标准过低、遗传距离较近等原因所致。

三、基于三级筛选加快优树选择利用进程

围绕遗传改良的技术难题，朱之悌带领团队采用短期和长期相结合的方式进行无性系测定：短期的苗期对比试验和长期的优树试种林、种源林和测定林。除无性系测定外，收集在标本园和引种圃中的资源，还用于杂交育种和同工酶的分析等。由于不能将1047株优树等到1/2或2/3个轮伐期时获得评价后再去选优与造林，而是贯彻边造林、边测定、边选择的做法，即在造林中测定，在测定中选择的原则，这就产生了苗期对比试验的必要了。虽然毛白杨优树的利用是直接繁殖，并未经过种子，这对优树表型评价的可靠性起很大的作用。但由于苗期测定历期太短（2~3年），大量淘汰所选优树，会造成失误。因此，将1047株苗期测定中超过平均数的无性系，及与各省协商定出的既能代表种源又具优树条件的一共500个无性系，分二批即前250（A）、后250（B）（测定林A和B），直接分发给10个省（自治区、直辖市）协作组作造林测定或种源测定，经过1/2个轮伐期后才从其中选出品种，而剩下的547个无性系则仍留在冠县苗圃中作造林测定，不加淘汰。

在500个无性系测定的同时，为了国家当时造林急需，朱之悌不得不从中挑选少数无性系（54个，测定林C和E），作为权宜之计用于造林。在观察期短的情况下，就只好通过早晚期相关的信息来确定入选的对象了。然而苗期早期选择是否对晚期有效？早晚期生长相关的可靠性究竟有多大？苗期观察的年限要规定多长？这些就只好从解析木早晚期生长相关中找到可供参考的信息了。测定的目的，在于对1047个优树无性系进行三级筛选，经2和3年测定后从1047个无性系中，挑选苗期速生的54个无性系（前34C林，后20E林）向10个省（自治区、直辖市）投产试种，占地600亩，作为第一级筛选；挑选苗期速生、生长速度超平均数以上的500个无性系（前250A林，后250B林）向10个省（自治区、直辖市）建种源试验林，占地2000亩，作为第二级筛选；挑选淘汰下来的547个无性系（D林），在冠县建测定林，占地200亩，作为第三级筛选（图3-4）。

三级筛选的目的各有差别。入选率为5.2%的54个无性系的C、E试种林，在于获得点多［10个省（自治区、直辖市）］、面广（11亩/无性系）的数据，以用于无性系基因型值、基因型×环境互作、遗传力、遗传增益的大面积（600亩）估算；入选率为47.8%的500个无性系的10个省（自治区、直辖市）种源林（A、B林），在于获得点多［10个省（自治区、直

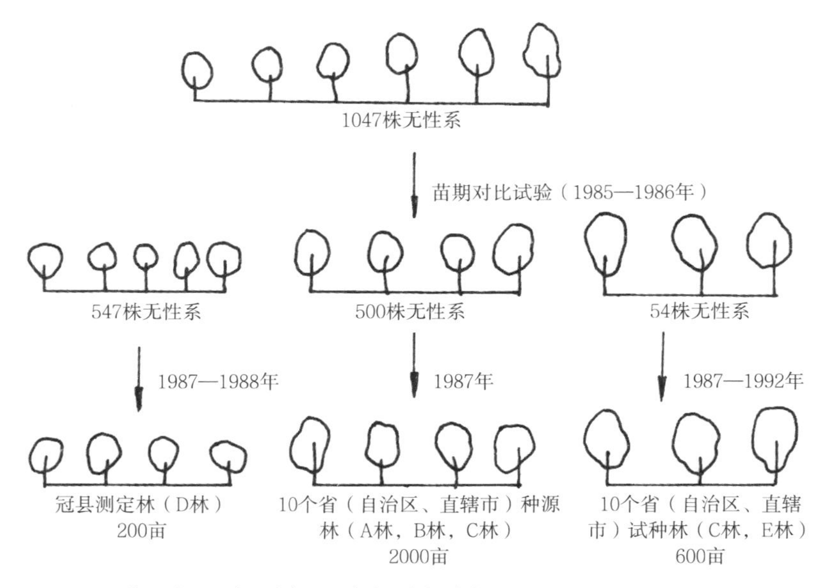

图 3-4　1047 株优树无性系的苗期三级筛选和分批造林

辖市）]、系多（500个）无性系的数据，以获得10个省（自治区、直辖市）造林用的最佳种源和最优单株（无性系）；500个无性系中的54株古树无性系的聚类分析，还可获得毛白杨成年期生态区的划分、遗传变异的模式和地理变异规律；同一无性系不同点间、同一点不同无性系间还可估算基因型与环境的互作、同一无性系不同时空上重复力、遗传相关、遗传力等参数；还可估算某投产无性系的适生范围（区划试验）、增产幅度及种苗调拨区域等。入选率为52.2%的547个无性系的测定林（D林）在于挽救苗期生长量低于1047株总体平均数以下、未能进入10个省（自治区、直辖市）种源试验的那些"淘汰"下来的苗木，使它不致于丢失，不致于剥夺生长对比的机会，不致于埋没那些开始中游、后期抢先的潜才。这部分苗期落选的苗木和苗期入选的无性系合成一个总体，构成一个都已保存的、从慢到快、从矮到高的完整群体，从它的苗木排序和每年测量的数据中，还可以预示不同种源间的生长节律、早晚期生长相关和选择淘汰的最适年龄。此外，分布在10个省（自治区、直辖市）土地上1047株优树无性系的造林，也可认为是全国毛白杨优树资源异境保存的另一种形式。

四、种质资源收集保存为育种利用奠定基础

朱之悌带领北京林业大学毛白杨遗传改良团队，联合华北10个省（自

治区、直辖市）协作组完成了毛白杨基因资源收集、保存和开发利用的大型课题，其核心是一项包括1047个无性系、3种测定林（AB、CD、E）占地2800亩的跨省田间试验，理论思想在育种实践中再次被证明是成功的。这是新中国成立以来在杨树上规模最大、占地最多的一项科学试验，或许这种组织与规模在世界杨树研究史上也是罕见的，得到了国外专家的肯定（图3-5~图3-9）。至此，对朱之悌10年来（1982—1992年）在毛白杨的选种、育种、资源收集与保存中形成的学术思想，以及学术思想具体指导毛白杨种质资源收集和利用实践情况进行了简短的总结回顾，这些都是围绕毛白杨育种程序的研究而开展的，所以良好的开端是成功的一半，因为种质资源收集和利用工作中的大胆创新，因此加速了育种策略中后期研究环节克难攻坚的效率，为后期毛白杨产业化以及成为林业界的一个品牌奠定了坚实的基础，而这一切也说明了学术思想在科学研究中的重要引领作用。在毛白杨育种中的主要实践总结如下：

（1）在10个省（自治区、直辖市）分布区内进行统一选优之前，先对分布区进行气候区划，结果统一的气候区被划分为热、光、水上有差别的三大气候区——东北部气候区（北京、河北与山东）、南部气候区（河南、陕西中南部、江苏及安徽北部）和西北部气候区（山西、陕西北部、宁夏及甘肃北部）。这样有助于掌握分布区的环境特点，为选优布点做好准备。

（2）选优结合联合国粮食及农业组织所颁布的“森林基因资源保存方法学”中的异境保存和选择保存的原则，收集与保存毛白杨分布区100

图 3-5　1986 年 5 月 9 日，朱之悌在山东冠县苗圃科研楼向来访的德国 Hattemer 教授介绍优良种质资源收集策略及研究进展

图 3-6　通过沙培埋根促萌、嫩枝扦插快速繁殖具可比性的毛白杨优树材料

图 3-7　山东冠县毛白杨种质资源库现状

图 3-8　1993 年，朱之悌（右一）向来访的澳大利亚堪培拉国立大学 Lindsay Pryor 教授介绍毛白杨良种选育进展

图 3-9　1993 年，甘肃码头苗圃毛白杨优良无性系对比试验林

万km²土地上的毛白杨优树，共选出四类1047株优树，分部位取样，分部位保存。用幼年性材料去建无性系档案库（1047个无性系），用成年性材料去建花枝标本园（850个无性系）；档案库用于无性系测定和无性系造林，花枝标本园用于获得重组的第二代资源或用于杂交育种；它们都是构成优树基因库中的保存材料。

（3）开发利用保存在档案库中1047个无性系的第一步是1047个无性系的苗期测定和10个省（自治区、直辖市）种源试验。从全国各地集中到山东冠县的优树资源已有条件进行苗期生长对比了。对比的期限最好是3年。因为3年的胸径与20年的材积有显著性相关。根据苗期的生长量、选优地点、原株情况、种源的代表性（50年生以上的古树）和分布的均匀性等综合考虑，从1047株中选出超平均数以上的500个无性系，分2批（前250A林，后250B林）进行10个省（自治区、直辖市）种源试验，占地2000亩。没有入选的547个无性系，在山东冠县建测定林（D林），以备苗期测定中因落选而未纳入种源试验的那些无性系，仍有再次进入种源试验的机会，而不致于一下就被淘汰使资源损失。山东冠县测定林占地200亩。为考虑选优成果及早投产，500个入选无性系实行边测定、边试种的战略，所以从中选出54个无性系，分2批（前34C林，后20E林）进行营造有重复的完全区组测定林，占地600亩。当时预期到1995年时，从中选出3~5个初选无性系，作为选种战略多重测定林（ABCDE）的首批成果。以后结合ABD林到1/2或1个轮伐期时，再推出第2批或第3批成果，去代替前期相形见绌的品种，使品种筛选连绵不断，而且从中选的无性系一次将比一次丰产，一次比一次准确、可靠。这样争取到2000年时，能够实现毛白杨造林材料的更新换代和造林良种化。

（4）利用苗期测定的田间设计中，对代表种源的古树无性系的生长、物候等21个指标进行主分量分析及模糊聚类，结果发现从10个省（自治区、直辖市）100万km^2优选而来的54株古树无性系，可依生长质量的相似性而区分为南部、东北部、西北部3个生态区，它们恰与3个气候区相重叠。说明生长在我国有2000年历史的各地毛白杨，已是地理气候的适应产物，选优布点时注意这些特点，苗木调拨时注意这些区划，有利于毛白杨的认识和利用的研究。

（5）保存850个无性系的50亩标本园，是开展杂交育种以期进一步改良的场所。利用近缘白杨种及杂种进行单交、三交、回交和双交，接着进行花粉、种子辐射，以获得自然或人工重组基因型、获得更有价值的杂种。这是平行于选种，但高于选种的第二育种战场，对下一代毛白杨的开发，有极其重要的意义。

（6）2006年，研究团队对毛白杨的育种群体筛选，作了扼要而有步骤的叙述。然而这一过程历时太长，生产上不可能等到10年或20年后才开始使用，应该像初期种子园向高级种子园过渡那样，选优后就有获益，就有不同程度的良种产生（图3-10、图3-11），因此急生产之所急，对优树资源的开发利用。

由育种群体和生产群体经测定和造林而汇集来的信息，集中在少数最优无性系上，提供了它们生长的平均数、标准差、基因型与环境互作，以及遗传力、重复力、育种值等遗传参数。这些参数的估算，提高了对少数

图 3-10　选育出的河北省良种‘毛白杨 1316’

图 3-11　选育出的山东省良种‘鲁毛 50’

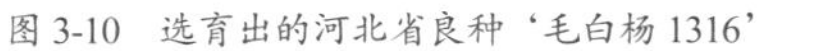

无性系的认识，它们是资源中的精华，也必然是下一轮杂交的亲本。从而将当代选种和下代育种结合起来，有性与无性筛选结合起来，群体资源的保存与个体系谱追踪的研究方法结合起来，使毛白杨良种选育方法不断完善、水平不断提高。

综上所述，朱之悌作为新中国培养的第一代林木育种学家，始终将个人的理想和国家的需求相统一。家国情怀是朱之悌不忘初心、坚守理想，在学术研究方面取得成功的动力。积极对接森林基因资源保存这一全球关切的热点问题，系统创新森林基因资源收集、保存及遗传基础研究思路，辩证地厘清了选择保存与进化保存的关系，强调了种子保存是森林基因资源保存的主要材料形式，应用于乡土树种毛白杨基因资源收集与保存研究，提出了毛白杨“均匀分散、择优调查”的收集原则，创造性地采取分部位取样、分部位保存的技术路线，收集分布于100万km^2区域内的毛白杨优树1047株，建立了优树根萌苗档案库和花枝标本园，并用根段人工促萌获得的幼化材料建成了含500个无性系的10个省（自治区、直辖市）测定林等，保存了遗传基础日益缩小的毛白杨优树资源，成功地选育出一系列毛白杨雄株行道树和短周期胶合板材、建筑材新品种。毛白杨基因资源保护是国内林木遗传育种领域参照联合国文件的首次科学实践，带动了我国乡土树种资源保护和利用研究的发展。

参考文献

朱之悌, 林惠斌. 森林基因资源收集、保存的要点和方法[J]. 世界林业研究, 1992(2): 13-20.

朱之悌, 盛莹萍. 论树木的老化: 幼年性、成年性相互关系及其利用[J]. 北京林业大学学报, 1992, 14(增3): 92-103.

朱之悌, 张志毅, 赵勇刚. 毛白杨优树无性系繁殖方法的研究[J]. 北京林业大学学报, 1986, 8(4): 1-17.

朱之悌. 毛白杨多圃配套系列育苗新技术研究[J]. 北京林业大学学报, 2002, 24(S1): 4-44.

朱之悌. 林木无性繁殖与无性系育种[J]. 林业科学, 1986, 22(3): 280-290.

朱之悌. 毛白杨良种选育战略的若干考虑及其八年研究结果总结[M]// 林业部科技司. 阔叶树遗传改良. 北京: 科学技术文献出版社, 1991: 59-82.

朱之悌. 毛白杨遗传改良[M]. 北京: 中国林业出版社, 2006.

朱之悌. 全国毛白杨优树资源收集、保存和利用的研究[J]. 北京林业大学学报, 1992, 14(增3): 1-25.

ARNE D. Vegetative Propagation of the Forest Trees Physiology and Practice[J]. Lectures from a Symposium in Uppsala, Sweden, 1977(2): 16-17.

HARTNEY V J. Vegetative propagation of the Eucalyptus[J]. Australian For. Res., 1980(10): 191-211.

KLEINSCHMIT J. Consideration regarding breeding programs with Norway Spruce: Proceedings Joint IUFRO Meeting[Z]. Stockholm, 1974.

KOSTER R. Conservation and study of genetic resources of poplars[J]. Third World Consultation on Forest Tree Breeding, 1978: 45.

PALMBERG C. Principles and Strategies for the Improved Use of Forest Genetic Resources[J]. FAO Forestry Paper No.20 Forest Tree Improvement, 1985: 24-37.

ROCHE, L.The Methodology of Conservation of Forest Genetic Resources[J]. Report on Pilot Study. FO, MISC/75/8. FAO/UNEP, Rome, 1987.

SCHIER G A, CAMPBELL R B. Differences among populus species in ability to form adventitious shoots and roots[J]. Can. J. For. Res., 1976(6): 253-261.

ZHU Zhiti. Collection, Conservation and breeding studies of genetic resources of populus tomentosa in China[J]. Proceedings of 18th Session of IPC AD HOC Committee of Poplar and Willow Breeding, 1983: 51-83.

ZUFA L. A rapid method for vegetative propagation of aspens and their hybrids[J]. The Forestry Chronicale, 1971(2): 36-39.

第四章

秉要执本，冰解的破：林木杂交与多倍体育种学术思想

杂交和多倍体育种可实现优势基因聚合和基因剂量提高，是植物遗传改良的重要途径。朱之悌胸怀“家国情”，心系“白杨梦”，围绕毛白杨速生、优质、广适的短周期用材林培育目标，首先选用毛白杨杂种为亲本解决杂交结实率低、育种效率低的瓶颈问题，在此基础上创造性地采用回交染色体部分替换和染色体加倍等技术，开展了杂交和三倍体育种技术系统研究，创造性地实现了毛白杨回交与双交育种结合三倍体育种的技术突破，开发了毛白杨2*n*花粉纯化高效利用技术，发现了我国毛白杨天然三倍体，选育了‘三毛杨’系列三倍体毛白杨新品种，引领了我国林木三倍体育种技术发展。朱之悌基于遗传原理分析问题、抓住育种关键创新育种技术、逐个击破，保证达成研究目标的学术思想，不仅在当时显著推动了我国林木杂交和多倍体育种技术进步，而且对于今天遗传育种技术研究也具有巨大的现实指导意义。

毛白杨是我国特有的乡土树种，从速生、材性和抗性上看，均属优良树种，但仍存在造林蹲苗、前期生长缓慢等不足，其轮伐期需要10~15年，难以满足国家木材供给需求，而且毛白杨适生区较集中，抗寒性不足，不利于其广泛栽培。因此，加强毛白杨育种研究，改善造林蹲苗特性，提高抗旱耐寒能力，培育新品种，对于保障我国木材自给能力具有重要意义。

杂交育种是植物遗传改良的主要手段。国内外育种工作者围绕速生、抗逆、抗病虫害等育种目标，在杨树亲本群体构建、亲本选配、远缘杂交等杂交育种领域开展了众多卓有成效的研究，充分证明了杂交育种对于杨树遗传改良的有效性，因此，杂交育种是毛白杨遗传改良计划中被寄予很大希望的途径。与此同时，林木多倍体育种热潮兴起，在提高杨树生长量、改善木材品质、增强抗逆性等方面也展现出巨大的潜力。显然，为实

图 4-1　“三倍体毛白杨新品种选育”荣获国家科学技术进步奖二等奖

现早期速生、提高抗逆性、增强制浆性能的改良目标，杂交和多倍体育种是当时毛白杨遗传改良的必然选择。

总结凝练朱之悌毛白杨杂交与多倍体育种科研成果（图4-1），深度剖析其杂交和多倍体育种学术思想，对于传承发扬“白杨精神”，提升遗传育种学术水平，培养创新意识，激励新一代投身国家林木种业事业，具有重要的历史和现实意义。

第一节

毛白杨杂交与多倍体育种的研究背景

杨树在世界范围内广泛栽培，其生长迅速、材质优良、适应性强、育种周期相对较短，是重要的速生木材和造纸原料来源。20世纪20—90年代，世界杨树育种研究如火如荼，各国林木育种学家均十分重视杨树的遗传改良，在杨树杂交育种和多倍体育种领域均取得了重要进展，为朱之悌在毛白杨遗传改良研究策略的制定和育种技术突破提供了重要借鉴。

一、杨树杂交育种研究背景

（一）国外杨树杂交育种研究进程

杂交作为一种育种方法，历来是育种学家们创造变异和培育新品种的主要手段，杂种优势的形成与高效利用也一直为育种学家们所追求。尽管一些天然杨树杂种在19世纪早已在林业生产中应用，但生产力仍不满足人类经济社会发展要求。1912年，英国学者A. Henry在借鉴英国梧桐（*Platanus acerifolia*）、欧洲椴树（*Tilia europaea*）、紧皮白柳（*Salix alba*）等树种杂交育种基础上，在世界上首次开展了黑杨派（Section *Aigeiros*）棱枝杨（*Populus deltoides* var. *angulata*）与青杨派（Section *Tacamahaca*）毛果杨的人工杂交，选育出了生长迅速、树形美观、适应性强的格氏杨（*P. generosa*），具有明显的杂种优势，一举开启了杨树人工杂交育种的历史。

随后，各国相继开展了大量杨树杂交研究。1923年，意大利杨树育种先驱G. Jacometti利用欧美杨与欧洲黑杨回交，选育出抗春季落叶病的‘I-154’杨（*P. euramericana*‘I-154’）；1929年，他又利用欧美杨与卡罗林杨（*P. deltoides* var. *angulata*‘Carolin’）杂交，选育出了‘I-214’杨（*P. euramericana*‘I-214’），其具有速生、适应性强等优点，被世界各国广泛引种栽培以供纤维造纸工业利用，产生了巨大的经济效益。1924年，美国在缅因州启动了系统的杨树杂交实验，采用银白杨、欧洲山杨（*P. tremula*）、美洲山杨、欧洲黑杨（*P. nigra*）、美洲黑杨、小叶杨、毛果杨等34个不同杨属树种、品种或杂种作为亲本，设计了116个杂交组合，从其中99个组合获得了1.3万余株杂种苗，筛选出10个优良杂种进行区域试验。苏联在20世纪30年代也通过有性杂交从银白杨×新疆杨中选育出苏维埃塔型杨，从欧洲山杨×新疆杨中选育出雅勃洛考夫杨，从钻天杨（*P. nigra* var. *italica*）×欧洲黑杨中选育了斯大林工作者杨（*P. stalinetz*）、俄罗斯杨（*P. russkii*）、少先队杨（*P. pioner*）等新品种。加拿大、荷兰、韩国等国在20世纪40—50年代也开展了大规模杨树杂交工作。其中，韩国育种学家S. K. Hyun等以银白杨为母本，腺毛杨（*P. glandulosa*）为父本，杂交选育的银腺杨具有生长迅速、易生根等优点，特别适合于酸性、黏土质的贫瘠土壤上生长，适宜于山地造林。1984年，银腺杨被引种到我国后，生长表现良好，已成为重要的杂交亲本来源和生物技术研究材料。然而，长期以来，植物学家都把一个物种作为一个遗传上同质个体集群看待，认为同一物种的不同个体的基本特性和遗传效应是相似的，所以在杨树杂交育种的早期都采用种内随机个体作为杂交亲本，并从F_1代中选择优良子代形成无性系用于生产，即杂交（cross）—选择（selection）的CS二阶段育种程序。这阶段的杂交育种未考虑亲本个体基因型的影响，限制了育种成效。

随着对林木种源、林分和个体等多个种内变异层次认识的不断深入，育种学者们开始重视把种源间、群体间和个体间基因型的变异用于杂交亲本选择，提高了育种的可预见性，逐渐形成了选择—杂交—再选择的SCS三阶段杂交育种程序。意大利学者建立了包含多个种源在内的欧美杨育种群体，通过把南方型美洲黑杨作选种原始材料，并把它们与南方型欧洲黑杨杂交，育成适应南欧的南方型欧美杨；比利时育种家C. Muhle-Larsen用美国华盛顿州Wind River引种的毛果杨（*P. trichocarpa* V26）与引种自爱达荷州Sandpoint的毛果杨（*P. trichocarpa* V23）杂交获得了品种‘Muhle Larsen’，生长快于‘Androscoggin’等杂种，并抗杨树叶黑斑病；苏联A. P. Tsarev和R. P. Tsareva利用性状优良的杨树个体作为杂交亲本，获得5.9万株杂种苗，经长期测定，从中选出135个适合苏联温带气候区的杂种。

随着轮回选择和配合力育种理论在农作物育种中的有效应用和发展，对林木性状遗传控制方式的认识不断深入以及遗传参数信息的有效获取，育种学家认识到要提高林木育种效果，育种策略必须由一次性短周期育种研究朝以轮回选择为基础的多世代长期改良方向发展，使每一轮育种都能从一个全新的育种基本群体开始。1981年，意大利杨树育种学者提出了先在两个杂交亲本种中进行配合力测定和改良，再选择高配合力基因型做种内和种间杂交，最后在F_1代中选择优良无性系生产利用的育种策略，可称为BSCS（breeding，selection，cross和selection）四阶段育种程序。这一育种策略把亲本的改良放在杂交育种的优先位置上，改变了长期以来把F_1代的选择作为杂交育种主体、每次育种都从零开始的传统做法，利用多群体、多世代改良提高杂交育种的预见性和效率，从而使育种过程系统化、多世代化。意大利蒙菲拉托杨树研究所（Poplar Research Institute in Casale Monferrato）为提高欧美杨黑斑病抗性，分别选择了240个美洲黑杨和欧洲黑杨基因型进行种间杂交，以确定其配合力水平，在此基础上各筛选出80个最优的无性系建立了2个育种群体，进一步进行杂交育种。其在20世纪70年代末及80年代初选育的‘Luisa Avanzo’‘Cima’‘Bellini’等欧美杨无性系就是E. Avanzo教授历时25年按照上述策略选育出来的。8年生‘Luisa Avanzo’杨胸径与11年生‘I-214’的相当，平均材积生长量比‘I-214’高50%，且具有良好抗黑斑病能力。显然，杨树杂交育种经历近一个世纪的发展，育种学家们已充分认识到育种群体和亲本选配的重要性，并取得了成功实践。

（二）国内杨树杂交育种研究进程

我国杨树杂交育种工作起步晚于国外，但是育种工作者们充分利用我国丰富的杨树资源，围绕白杨派（Section *Leuce*）内种间杂交、黑杨派内种间杂交、青杨派与黑杨派间杂交、胡杨派（Section *Turanga*）远缘杂交等开展了大量富有成效的育种工作，显著推动了我国杨树杂交育种发展。

我国白杨派树种资源丰富，杂交育种研究开展最早。1946年，著名林木育种学家叶培忠教授在甘肃天水首次开展了河北杨（*P. hopeiensis*）×欧洲山杨、河北杨×毛白杨、河北杨×响叶杨（*P. adenopoda*）等白杨派内种间的杂交工作。中国林业科学研究院徐纬英研究员等通过杂交育种选育出毛新杨（毛白杨×新疆杨）、银山杨（银白杨×山杨*P. davidiana*）、山新杨（山杨×新疆杨）等优良无性系。王绍琰等以银白杨、河北杨、山杨、毛白杨、新疆杨等为亲本，进行中间杂交，证明银白杨是育种的优良原始材料，选育出‘银新杨1号’‘银新杨2号’等新品种，生长迅速，扦插成活率高。刘培林等以银白杨为母本，山杨为父本，杂交选育出银白杨×

山杨1333号无性系，14年生时生长量比山杨高出1倍以上；以山杨为母本，银白杨×山杨为父本进行杂交，选育出山杨×银山杨1132号优良品种，具速生、抗寒、抗病等特点。

与白杨派相比，由于缺少乡土美洲黑杨资源，我国黑杨派种间杂交育种起步较晚。吴中伦等于1972年从意大利引进美洲黑杨南方型无性系I-69（*P. deltoides*‘Lux’，鲁克斯杨），I-63（*P. deltoides*‘Harvard’，哈佛杨）及欧美杨无性系I-72（*P.×euramericana*‘San Martino’，圣马丁诺杨），在我国亚热带地区表现出较强适应性和较高生产力，成为黑杨派杂交育种的主要亲本材料。符毓秦等以I-69杨为母本，用I-63杨、密苏里杨（*P. deltoides* var. *missouriensis*）和卡罗林杨（*P. deltoides* ssp. *angulata*‘carolin’）的混合花粉授粉，杂交选育出陕林3号优良无性系，5年生单株材积超过母本I-69杨24%，耐寒性、耐旱性优于亲本I-69杨，具有抗病虫能力较强。黄东森等以I-69杨为母本，欧亚黑杨混合花粉为父本，杂交选育出中林46、中林23等优良无性系，材积超标优势30%以上。韩一凡等以I-69杨为母本，I-63杨为父本，杂交选育出南抗1号、2号优良品系，抗云斑天牛和光肩星天牛，材积生长量超亲优势40%以上。

尽管我国青杨派树种乡土资源丰富，但是普遍发现，青杨派内杂交杂种优势不明显，未见派内杂交品种。而青杨派与黑杨派间可配率高，配合力较好，杂种优势明显。1956年，徐纬英等以钻天杨为父本，青杨为母本，杂交选育出‘北京杨’系列杂种，其中以北京杨3号、0567号和8000号表现最好。1957年，他们以小叶杨为母本，以钻天杨和含量混合花粉进行授粉，成功选育出速生、耐旱、耐盐碱的群众杨。鹿学程等用赤峰杨（*P. simonii*×*P. pyramidalis*‘Chifengensis’）为母本，以欧洲杨、钻天杨和青杨的混合花粉为父本，杂交选育出速生、耐旱、耐寒和抗病的‘昭林6号’（*P.×xiaozhuanica*‘zhaolin-6’），成为内蒙古推广的主要优良品种之一。王明庥等以I-69为母本，小叶杨为父本，育成了速生、丰产、干形通直、抗性强、成活率高、材质优的无性系NL-80105、NL-80106、NL-80121，它们5年生材积超亲优势分别达23%、13%、7%。

此外，以胡杨派作为亲本的远缘杂交，在杨树改善抗旱、耐盐碱等性状方面也取得了突破。董天慈以小叶杨为母本，以γ射线辐射的胡杨（*P. euphratica*）花粉授粉，杂交得到239株小叶杨×胡杨杂种苗，无性繁殖能力介于亲本之间，10年生平均株高为小叶杨的1.1倍，为胡杨的1.9倍，平均胸径分别为小叶杨、胡杨的1.3倍和1.9倍，杂种优势明显。甘肃农业大学刘榕教授等于20世纪80年代以箭杆杨（*P. nigra* var. *thevestena*）为母本，用胡杨花粉和5000伦琴射线辐射处理的毛白杨花粉混合授粉，经强度选择后选育出箭胡毛杨，RAPD（Random Amplification Polymorphic DNA）分子标记证明，该品种为箭杆杨与胡杨的杂种，既保持了箭杆杨窄冠、速生的特点，也拥有胡杨抗旱、抗寒、耐盐碱和抗病虫的特点。

尽管我国杨树杂交育种取得了不菲的成绩，培育出一批具有自主知识产权的杂种优良无性系，并在林业生产中发挥了巨大作用，但是总体而言，仍存在育种策略较简单，缺乏长期育种计划，未充分利用种源、林分、个体水平丰富的遗传变异，未系统构建育种群体，育种世代仍停留于初级世代等问题，有必要加强种质资源的评价与利用，推进杨树高世代育种。杂交育种仍将是今后很长时间最重要的杨树育种手段。

二、杨树三倍体育种研究背景

倍性育种是林木种质创新和遗传改良的重要途径。自1901年，荷兰植物学家H. de Vries在普通月见草（*Oenothera Lamarckiana*）中发现四倍体巨型月见草（*Oenothera gigas*）起，染色体倍性变异便逐渐引起人们的关注。1937年，美国植物学家A. F. Blakeslee和A. G. Avery证实秋水仙碱在诱导植物染色体加倍方面具有显著的效果，极大推动了世界多倍体诱导研究进程。与农作物相比，杨树多倍体一旦育成可通过无性繁殖长期持续利用，有着独特的优势。因此，20世纪30—80年代，杨树多倍体育种发展迅猛，取得了丰富的成果。

（一）杨树天然三倍体的发现

自然界杨属树种大多数是二倍体（$2n=2x=38$），也存在少量的三倍体和四倍体。1935年，Nilsson-Ehle在瑞典首次发现了一个叶片巨大、生长迅速的欧洲山杨三倍体（$2n=3x=57$）。杨树三倍体育种就此开始蓬勃发展。

继Nilsson-Ehle后，Johnsson、Sylven等又先后在瑞典发现欧洲山杨三倍体植株。同时，其他许多国家也相继检出欧洲山杨天然三倍体的存在。其中，Sarvas于1958年在芬兰发现了欧洲山杨天然三倍体；Bakulin、Jarvekulg等、Tamm等也分别在苏联的许多地区发现了生长和抗性俱优的欧洲山杨天然三倍体植株。这些都说明欧洲山杨天然三倍体在自然界中有着较为广泛的分布。

除欧洲山杨外，在银白杨、香脂杨（*P. balsamifera*）、美洲山杨等杨树中也有发现天然三倍体的报道。虽然我国杨树资源丰富，但一直未见存在天然三倍体的报道。杨树天然三倍体的产生，一般认为是未减数的2*n*雄配子与正常雌配子受精的结果，但是也不能排除2*n*雌配子与正常雄配子受精的可能。由于雌配子不像花粉那样容易鉴别，要证明天然2*n*雌配子的存在仍有一定的困难。

杨树天然三倍体植株普遍具有生长迅速、体形巨大等优势，对于育种工作者具有巨大的吸引力，然而毕竟其自然发生频率较低，且不易鉴定，难以满足大群体、强选择的育种要求，因此，人们开始寻求人工创造杨树三倍体的途径与方法。

（二）异倍体杂交选育杨树三倍体

三倍体或四倍体植株能产生一定比例的可育2*n*配子，因此利用已选育出的三倍体或四倍体与二倍体杂交的方法最先应用于杨树三倍体的人工培育工作。Nilsson-Ehle最早用三倍体欧洲山杨与二倍体进行杂交，获得了一些三倍体、四倍体和混倍体植株。

美国的Einspahr等以二倍体美洲山杨作母本，与从瑞典引进的四倍体欧洲山杨杂交，获得了异源三倍体山杨杂种，其生长迅速，且材性优良，具极好的造纸特性，成了美国杨树纸浆材品种。原西德的Baumeister等用四倍体欧洲山杨与二倍体美洲山杨杂交，选育出人工杂种三倍体‘Astria’，该人工三倍体性状优良，树冠狭窄，对光不敏感，抗性和适应性强，比直接从山杨天然群体中选择出来的优树生长快，且抗锈病，在生产中广泛应用，收效显著。在北欧和美国的有些地区，甚至把育成的四倍体山杨雌株直接栽在优良的山杨林分中自由授粉，每年在四倍体山杨雌株上采种、育苗。

虽然利用三倍体与二倍体杂交的方法能够得到染色体数为57的“三倍体”子代，但由于亲本三倍体植株减数分裂的不规则性，常导致这些“三倍体”子代往往不是具有三套完整的染色体组，其倍性优势将大打折扣。而四倍体植株又不易获得，即便育成四倍体植株还需要等其开花、结实，存在育种周期太长等问题，因此，需要更加快捷有效的方法来获得三倍体。

（三）天然或人工诱导2*n*花粉杂交选育杨树三倍体

利用天然或人工诱导的2*n*配子杂交是人工培育三倍体的又一途径。通过天然未减数的2*n*花粉给正常雌株授粉选育三倍体是育种学家们常用的方法。20世纪90年代以前，国外已利用天然未减数2*n*花粉授粉，培育出了银灰杨（*P. canescens*）、欧洲山杨、银白杨、香脂杨、美洲黑杨等杨树三倍体。然而，产生天然2*n*花粉的杨树毕竟只有少数几种，加之天然2*n*花粉的发生频率相对较低、易受自然环境影响等，难以满足育种要求。

人工诱导杨树未减数2*n*花粉技术日益受到重视，并有很大进步。杨树2*n*花粉的诱导主要采用化学（秋水仙碱等抗微管物质）和物理（温度等）方法，均取得了较好的效果，并授粉得到了三倍体植株。其中，苏联学者Mashkina等对花粉母细胞减数分裂处于前期Ⅰ的香脂杨、美洲黑杨、银白杨以及银白杨和欧洲山杨杂种（*P. alba* × *P. tremula*）等的雄花枝，采用38~40℃的高温处理1.5~2h，得到了最高94.4%的2*n*花粉，并用这些2*n*花粉杂交，获得了三倍体。有关研究成功解决了2*n*花粉途径选育三倍体的一些关键技术问题，从而建立了一套有效的综合花粉染色体加倍、花粉辐射以及杂交育种等技术的2*n*花粉途径选育白杨三倍体的技术体系。

20世纪80年代，国外杨树三倍体育种在纸浆材品种培育方面取得的巨大成就，以及我国在漆树、桑树等树种三倍体育种领域的技术突破，给了朱之悌极大的激励，显然，毛白杨速生育种走异源三倍体之路，前景应该是美好的。

第二节

毛白杨杂交与多倍体育种学术思想

我国国家体制与西方国家存在差异，国民经济发展与西方国家也有差距，国家急需短周期用材林，导致我们不能照搬西方国家基于优良种源、优良林分、优良单株长期选择和多轮次测定的育种组织模式，必须走出具有中国特色的育种路线。因此，朱之悌指出，我国开展林木杂交育种，要扬长避短、缩小差距。

一、通过回交染色体部分替换实现种间改良

长蹲苗期、叶锈病、褐斑病等均是制约毛白杨速生，造成毛白杨生长量损失的明显性状，这些性状必须克服，毛白杨才能从前期生长缓慢中解放出来。遗传学上，这些性状都受基因控制，那么要想克服这些性状，最彻底的办法是替换这些性状基因所载的染色体，皮之不存，毛将焉附，没有这个染色体，就没有这个基因了。

对染色体组中个别染色体进行替换，还有一个极为重要的作用，是借此可以改进毛白杨染色体组的遗传组成。毛白杨是个天然杂种，推测其种源可能产生于白杨派中一次或多次种间杂交而来，在形成由19对38条染色体组成的毛白杨染色体核型中，由于进化和组建合理性总是不均衡的关系，可能不排除有一些或个别在性状功能上表现不尽人意的染色体混进来，正是由于这些染色体存在，它限制了毛白杨成为另一个更受欢迎的新毛白杨的可能。因此把这个在进化中混进来的不受欢迎的染色体加以剔除，就可能使毛白杨许多方面的性状向人们希望的方面发生转化，终于使种性换新。虽然替换的只是个别或少数几条染色体，但其带来的整体效应要比换去一个染色体组（像单交时常发生的那样）的效应还要巨大得多。

所以根据人的意志不断地改造染色体组中的部分成员，将那些“不称职”的剔除出去；不断地吸收新的“血液”（染色体），从近缘树种中将那些“称职”的染色体替换进来，以补充到新染色体组中来，使传统上铁

板一块、几千年不变的染色体组各成员间也发生更新，加速在人工条件下的定向进化，使物种的遗传性更好地为社会生产和生活服务，这是遗传育种学要求的任务，也是近代遗传学说中创造杂交优势、解放生产力的又一理论。这一理论的效应常与回交伴生，即哪里有回交的地方，哪里就常有这一效应的存在。所以，在考虑毛白杨5年采伐超速生攻关策略时，对这一理论的实施和应用，就有着重要的意义。

二、基于多交创制综合亲本优良性状的新品种

双杂交在玉米上取得了惊人成就，在毛白杨育种上也应是可取的。由于前人的工作，白杨派内现有不少杂种，如国内已有的银山小杨、毛新杨、银新杨、山新杨、南林杨（河北杨×毛白杨）×响叶杨、741杨［银白杨（山杨×小叶杨）］×山东毛白杨、银灰杨、乌克兰杨（银白杨×新疆杨）；而国外，如加拿大的银白杨×大齿杨、欧洲的美洲山杨×欧洲山杨、韩国的银腺杨等都是以速生而著称。所以，白杨杂种的丰富资源是进行毛白杨育种的广阔天地，在这基础上进行再杂交，可以将2个种、3个种甚至4个种的良好性状综合在一个杂种个体之中，这对加性效应的积累和非加性效应的创造、不同树种对不同病原菌免疫力的抗性筛选都有重要的意义。然而，这种高度杂合性，可能会导致生殖能力的破坏，使以后更加难育。但由于白杨可以无性繁殖，走无性系育种的道路，这个“缺点”可以克服。

同时，也要注意到，材积翻番、生长提速、抗性增强的一切有利基因，绝不会连锁在同一条染色体上，也不会都同时分配到同一配子之中。他们可能分散在不同的染色体上，分离与结合都是在随机的原则下，依统计概率的原理进行，因此，要选出符合育种目标的一切有利性状，都集中在同一粒种子基因型上的这种概率是微乎其微的。这就要求选育出的F_1种子维持到相当大的群体，否则上述目的性状或不能出现，或出现但又分散在许多无用的种子中。所以，在考虑育种质量的同时，必须考虑F_1的群体数量，确保以数取胜，只有在很大的群体中，才能挑选出千分之几立项的基因型，并培育成新品种。

三、三倍体育种综合利用杂种优势和倍性优势

根据攻关目标，毛白杨新品种必须生长迅速、材积翻番，这样才能保证5年轮伐。一方面，应用种间杂交创造杂种优势，是育种上既古老、又

新鲜，且充满活力的育种手段。尤其在白杨派内不同树种间杂交，均可观察到杂种优势。这是一条获得杂种优势经过检验屡证不怠的渠道。把一切能调动生长加速的渠道通通动用起来，采取俱收并蓄的政策，是目前着眼生产翻番所必需的。

同时，考虑到生长速度、生长量等性状都是数量性状，受微效多基因的控制。生长提速必须依赖于生长受控的基因数目的增加，这是一般具有38条染色体的二倍体毛白杨所难以做到的。如果通过花粉染色体加倍，再增加一个染色体组，使毛白杨核型由原来的38条而转变为57条，由二倍体变成三倍体，使胞核中染色体组多一组，多19条染色体，当然它负载的基因也随之而增加，其中主控生长的微效多基因也自然多了起来。假设有一套基因（染色体组），就有一套效应；那三倍体增加了又一套基因，生长速度至少应增加50%，这在国际上已获证明。所以，毛白杨速生育种走异源三倍体之路，实现杂种优势和倍性优势的综合利用前景应该是美好的。

第三节

毛白杨杂交与多倍体育种实践

改革开放以来，国民经济发展对木材和纸浆产品的需求不断提高，加强短周期用材林品种选育，解决木材供给问题，减少进口依赖，已成为国家共识。国内外众多研究均证明，杂交和三倍体育种是杨树遗传改良的有效途径，尤其在提高木材生长量、改善木材品质、增强抗逆能力等方面发挥了重要作用。因此，在毛白杨遗传改良研究中，针对造林蹲苗、适生区窄等限制毛白杨利用的瓶颈问题，朱之悌坚定地选择将杂交和多倍体育种作为主要育种手段，通过十余年探索与实践，攻克了毛白杨杂交、种间优异性状聚合、天然$2n$花粉杂交及三倍体鉴定、$2n$配子人工诱导与利用等关键技术，选育了一批速生、优质、抗逆性强、适应性强的毛白杨新品种，为我国黄河流域林浆纸一体化发展奠定了坚实的基础。

一、证明配子败育是毛白杨杂交育种的拦路虎

与杂种优势利用取得成就较大的黑杨派相比，毛白杨的杂交育种工作较为落后。因此，自1982年开始，朱之悌连续多年开展毛白杨种内杂交技术研究。

为系统测试毛白杨作母本的育性水平，筛选杂交的最好种源，朱之悌从河北、山东、河南、山西、陕西等不同产地采集大量毛白杨雌花枝，用同一公共父本——新疆杨花粉进行授粉，用结籽力（平均每个蒴果结籽的粒数）作为母本结籽能力的数量指标；用杂种种子的播种发芽率（平均每100粒种子中能发芽的种子粒数）作为结籽能力的质量指标；用这两个指标的乘积，表示平均每100个蒴果中能获得有生命力的种子数，作为母本结籽能力的综合指标，称为结籽系数。研究结果表明，毛白杨结籽系数是很低的，平均每100个蒴果中结出能发芽的种子数不过0.3粒；改用杂种（如毛新杨）作父本时，由于花粉质量得到改善，结籽能力有所提高，但也不过是0.9粒，仅提高了3倍。可见，如用毛白杨作母本，当计划获得能

发芽的1000粒毛白杨杂种种子时，则毛白杨授粉的小花数需增加到29万朵，要达到这样的规模是很难做到的。

朱之悌进一步深入研究发现，毛白杨超低的结籽能力是由于幼胚败育所引起的。毛白杨胚珠受精后，短期膨大的不同幼胚在不同时期出现了败育。平均每100个胚珠中，只有2个胚珠最后发育成种子，其他98个在发育的中途死亡。定期（每隔一日）对不同产地的毛白杨及毛新杨雌株授粉后的幼胚发育进行研究，发现毛新杨作母本受精后，幼胚发育曲线平稳上升；而用毛白杨作母本，幼胚发育曲线则波动很大，说明其中一部分幼胚开始皱缩败育造成曲线下跌，而且曲线的上升与下跌完全取决于母本，而与父本花粉的种类无关或关系不大。这些研究表明造成毛白杨结实率不高的主要原因在于雌性器官结实力的破坏。

此外，研究还发现毛白杨存在花粉高度败育、花粉量少的问题。北京一带的毛白杨雄株多数没有花粉或花粉很少；中心产区郑州的毛白杨雄株，花粉量也不稳定，有时花粉十分稀少。除数量少外，质量也差，郑州毛白杨花粉发育正常率仅50%，‘鲁毛’的花粉发育正常率45%、截叶毛白杨的花粉发育正常率40%、北京毛白杨花粉发育正常率23%，平均仅39%。可见，花粉量少是毛白杨结实率低的一个重要原因。

显然，毛白杨的杂种起源特征对其配子育性和结实能力产生了极大影响，而且毛白杨子房中的胚珠数少，多为2个，远少于黑杨派等树种，所以，不克服败育，不增加结籽率，毛白杨的杂交育种是很困难的，难以维持较大的杂种（F_1）群体。在制订毛白杨杂交方案时，应考虑组合、母本，使其能多结籽、结好籽，以期获得较多的杂种后代，使各种性状的组合，都有充分表现的概率，便于优中选优。

二、巧用毛新杨母木走出杂交结实率低的困境

既然毛白杨高度败育，结籽能力较低，那么，怎么才能解决毛白杨杂交育种的难题呢?

朱之悌偶尔发现，在北京农业大学（现中国农业大学西校区）校园内长有几十株毛新杨杂种，当时已是20多年生的大树了，雌株年年都能丰富结实，形成大量种子，而且小花子房内含有4个胚珠，比毛白杨多1倍（图4-2）。这些毛新杨是中国林业科学研究院徐纬英研究员于20世纪50年代的杂交产物，其生长量比毛白杨大，扦插生根能力也优于毛白杨，但干形受新疆杨影响，1/2以上的主干就不明显了，与魁梧挺拔的毛白杨相比甚

图 4-2　育性突出的毛白杨与新疆杨杂种毛新杨的果序

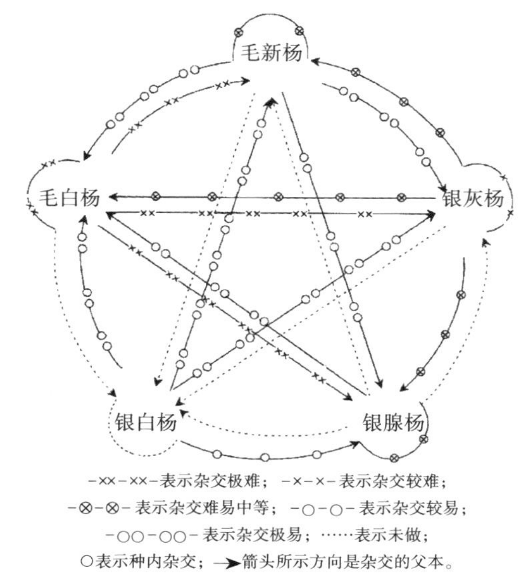

图 4-3　白杨不同种及杂种杂交难易示意图

为逊色，当然也就失去了投产的价值。但作为改良的原始材料，把它作母本，用它再与直干挺拔的毛白杨回交，相信既可克服毛白杨杂交难题，又可实现毛白杨优良种质的继承利用。

为此，朱之悌在1984年直接从毛新杨大树上采集花枝作母本，与截叶毛白杨杂交，一举获得3万多粒回交种子，结籽系数从原来毛白杨作母本的0.34提高到用毛新杨的41.46，提高了121倍。可见，如需获得群体为1000粒能发芽的毛白杨杂种种子，则毛新杨授粉小花数只需2412朵就够了，而不需前述的29万朵，这样就可较为容易地维持杂种的大群体了。从而提出以毛新杨作母本，与毛白杨回交，实现染色体替换的策略，攻克了毛白杨杂交败育难题，通过结合花粉和种子辐射，花粉染色体加倍等技术，实现了毛白杨优良杂种和三倍体新品种的创制。

三、双杂交开辟毛白杨抗旱育种新篇章

1982—1987年的6年间，朱之悌对现有的白杨杂种间几乎都进行了杂交，研究了杂交可配性（图4-3），发现双杂交（毛新杨×银灰杨、毛新杨×银腺杨）优于三交（银腺杨×毛白杨、银灰杨×毛白杨），而三交又

优于单交（毛白杨×银白杨、银白杨×新疆杨）。结果从几十个组合中筛选出毛新杨×银灰杨这个最佳组合，这是毛白杨、新疆杨、银白杨、欧洲山杨4个种的多交杂种，从大量杂交一代的群体中，筛选出主干挺直、枝层分明、浓毛叶大、抗性突出、速生的优良单株，虽生长量略小于回交杂种，但抗寒性优良，在宁夏西吉寒冷高原条件下很受当地喜爱。经20余年测定，2个毛新杨×银灰杨杂交新品种‘蒙树1号杨’（图4-4）和‘蒙树2号杨’于2017年获得国家植物新品种保护权证书。

此外，为解决毛白杨栽培区向辽宁、内蒙古地区扩展的抗寒速生育种问题，朱之悌充分借鉴国际杨树杂交育种在亲本亲缘上、地理上选择的成功经验，与美国Appleton纸张化学学院D. Einspahr教授和G. Wyckoff博士合作，选择与毛白杨亲缘上近而地理上远，具有较强抗寒性的大齿杨和美洲山杨作为亲本与毛新杨等进行杂交，其中毛新杨×大齿杨杂交后代比对照放叶推后4~8天，封顶提前24~32天，落叶提前2天，生长季缩短9~13天，顶芽活动期更集中，主梢少生长1个月，但苗高和地径生长却超过对照1/3，显示了很好的杂交优势且不妨碍抗寒性的提高（图4-5）。

图 4-4　适合西北地区速生丰产林建设的‘蒙树 1 号杨’

图 4-5　毛白杨与大齿杨杂交新品种毛大杨在内蒙古呼和浩特、辽宁鞍山等地生长良好

四、2*n*花粉授粉杂交创新毛白杨三倍体种质

国外学者在银灰杨、欧洲山杨、银白杨、香脂杨、美洲黑杨等杨树中均发现存在天然的2*n*大花粉，并通过授粉产生了三倍体植株。1984—1985年，朱之悌团队连续多次利用可天然产生2*n*花粉的毛白杨雄株为父本开展杂交，其中1984年以毛新杨×毛白杨为组合，从杂交处理、1.97万粒回交种子、4379株幼苗中，经苗期测定选出108个无性系，经过8年无性系测定后，共选出52个速生无性系。1992年，染色体镜检技术过关后，证明其中20个优良无性系都是体细胞染色体数为57条的三倍体（图4-6）。1985年，以毛新杨×毛白杨、银腺杨×毛白杨和毛新杨×银灰杨为组合，最终从38个杂交组合、8.1万多粒杂交种子、3.7万多株幼苗中，经苗期测定选出74个无性系，经过7年人工林测定后，在1993年证明选育出体细胞染色体数为57条的三倍体无性系7个。此后，团队成员对包括上述杂交父本截叶毛白杨、‘鲁毛50’在内的8个产地的18个雄株无性系的花粉进行了检查，发现其中确实存在直径大于37 μm的大花粉，大花粉比例为0~14.3%，平均为3.9%（图4-7，表4-1）。

随之而来的问题是，比例只占3.9%的大花粉，该如何收集与纯化呢？不解决大花粉纯化的问题，比例很小的大花粉混杂在比例很大的正常小花粉中，在受精过程中处于劣势，那么利用大花粉杂交创制三倍体的设想将是水中之月，看得见拿不着。因此，必须在混杂花粉中，设法将小花粉剔出，单留下大花粉进行授粉。朱之悌针对大花粉纯化技术开展攻关，带领团队尝试了花粉吸水过筛法、Percoll梯度离心法、气流分离法等，均未获

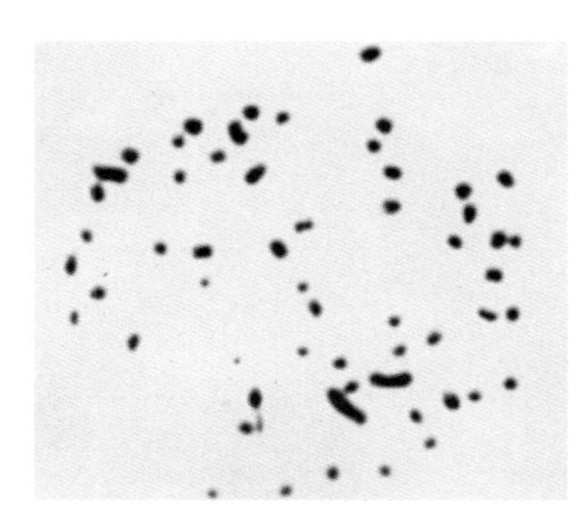

图 4-6　三倍体毛白杨染色体核型（$2n=3x=57$）

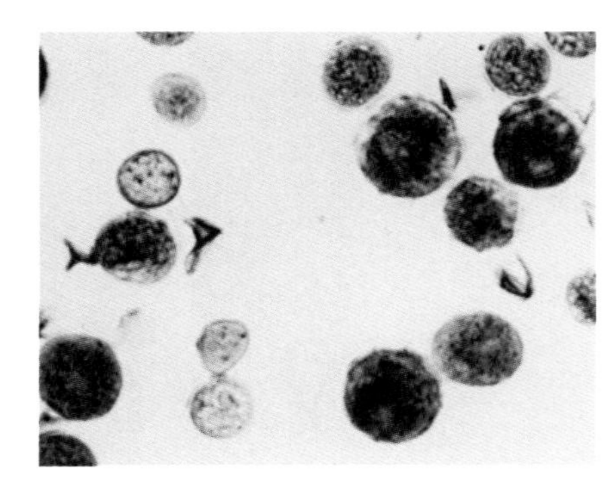

图 4-7　毛白杨天然未减数大花粉（$n=2x=38$）

表 4-1 毛白杨 8 个产地 18 株雄性无性系单株大花粉粒观察结果

产地	系号	观察花粉总数 / 粒	大花粉数 / 粒	大花粉比例 /%
北京	B101	105	4	3.8
河北	B102	164	0	0
	B103	无花粉	0	0
	B104	257	6	2.3
山东	B105（头年）	311	24	7.7
	B105（次年）	465	6	1.5
河南	B106	326	1	0.3
	B107	200	9	4.5
山西	B108	无花粉	0	0
	B109	352	8	2.3
	B110	172	0	0
陕西	B111（头年）	509	73	14.3
	B111（次年）	337	16	4.8
	B112	287	1	0.4
	B113	277	0	0.0
	B114	276	0	0.0
	B115	370	35	9.5
甘肃	B116	无花粉	0	0
	B117	262	0	0.0
安徽	B118	144	9	5.3
总计（平均）		4814	192	（3.9）

得理想结果。在走投无路的情况下，采取了低温干燥+花粉过筛+ γ 辐射的联合方法，即首先对花粉进行低温干燥，提高花粉分散性，然后用600目金属筛轻轻筛选，量小次多，反复进行，从而使大花粉比例从平均3.9%提高到61.93%。在此基础上，巧妙利用同一物种中倍性越高抗辐射能力越强的特点，对花粉施加半致死剂量 γ 射线照射处理，使小花粉钝化而提高大花粉相对竞争力。这种利用 γ 射线作为混杂大花粉纯化的手段史无前例，具有明显的创新性。

事实证明，后来投产的10个（B301~B308、B330、B331）三倍体毛白

图 4-8　1993 年，朱之悌在河北晋州苗圃向参加鉴定会的专家现场介绍品种特性

图 4-9　4 年生三倍体毛白杨新品种‘三毛杨 1 号’

图 4-10　4 年生三倍体毛白杨新品种‘三毛杨 3 号’

杨新品种都是由天然大花粉杂交而来的。天然大花粉的发现和利用，在三倍体毛白杨育种中起到了决定性的作用。其中6个无性系于1993年通过了当时林业部科技司主持的鉴定（图4-8），‘三毛杨1号’等6个新品种于1999年获我国首批植物新品种保护权（图4-9、图4-10）。

五、发现毛白杨天然三倍体解开早期杂交困难的谜团

早在1935年，瑞典就发现了欧洲山杨天然三倍体的存在，后来天然三倍体也陆续在银白杨、香脂杨、美洲山杨等杨树中被报道。那么，毛白杨种群中是否可能存在天然三倍体呢？

朱之悌团队在全国收集的1047株优树基础上，经苗期和造林测试后，选出100个优良无性系，对其中56个无性系进行茎尖体细胞镜检，结果检出了5个无性系为$2n = 3x = 57$的染色体核型，确定为天然三倍体，并用B381、B382、B383、B384、B385统一命名。这是我国第一次检出的毛白杨天然三倍体，也是亚洲地区首次发现的杨树三倍体。

这5个三倍体无性系中包含了著名的河北易县雌株（B383）。易县雌株是全国有名的白杨无性系，材积增益超过二倍体对照40%，新中国成立以来推广面积最大。正因其生长突出、造林成活率高等优良的综合特性，朱之悌在开展毛白杨杂交育种研究早期，曾选择易县雌株作为母本，进行

多年授粉杂交，然而却遭受了多年杂交失败、一无所获的结果，直到证明其为三倍体后，才真相大白，原来易县雌株生长迅速、杂交不孕、纤维长等优良特性，正是它三倍体巨大性和高度败育性的正常反映。显然，这一故事也告诉研究人员，开展杂交育种研究之前，在条件允许的前提下，一定要对杂交亲本的遗传背景有所了解。

六、领导团队创新杨树三倍体诱导技术体系

毛白杨天然三倍体和天然2*n*花粉发生频率都很低，均不利于开展三倍体育种的大群体选择。那么，能否通过人工诱导白杨2*n*配子杂交，实现毛白杨杂种三倍体的大量创制呢？为此，朱之悌指导研究生开展了白杨配子染色体加倍技术攻关。

在2*n*大花粉诱导方面，通过系统研究，掌握了水培毛白杨花枝的小孢子母细胞减数分裂进程及其与花芽形态发育和花药颜色间的关系，明确了施加秋水仙碱和高温处理诱导白杨花粉染色体加倍的有效处理时期和技术条件，成功诱导获得超过80%以上的未减数2*n*花粉；并利用活体授粉镜检压片法，证明了大花粉确为染色体数为38条的未减数2*n*花粉。1992年，朱之悌团队利用2*n*花粉诱导技术，以毛新杨 × 毛白杨、毛白杨 × 毛新杨为主要组合，利用秋水仙素人工加倍诱导父本2*n*大花粉，并结合低温干燥+600目过筛处理方法，从1.13万粒杂交种子、3569株幼苗中选出三倍体植株4个。1994年，朱之悌团队以银腺杨 × 毛新杨、毛新杨 × 银腺杨为组合，以秋水仙素人工加倍诱导2*n*大花粉，以γ射线处理提高2*n*花粉参与受精的竞争力，最终从2个组合、10个处理、3865粒杂交种子、2916株幼苗、1311个无性系中，检出16个三倍体，其中银腺杨 × 毛新杨12个，毛新杨 × 银腺杨4个。

既然能够人工加倍获得2*n*花粉，那么大孢子母细胞是否也可能诱导产生不减数的2*n*雌配子呢？如果有这可能的话，则直接诱导用不减数的2*n*雌配子去合成三倍体的途径，将会比用花粉染色体加倍的途径更简便，因为加倍的雌配子只要与正常花粉授粉，就可直接获得三倍体，而不必经过花粉纯化。针对这一全新的技术路径，朱之悌指导研究生进行了大胆的探索，利用秋水仙碱和极端温度（高温和低温）处理毛新杨、银腺杨、银毛杨等白杨杂种雌花芽，并与500目过筛后去除大花粉的毛白杨花粉杂交，成功获得了26株三倍体，尽管由于技术条件等限制，当时利用雌配子染色体加倍选育三倍体的得率并不高，但也充分证明了该技术途径的可行性，

图 4-11　朱之悌在泉林纸业三倍体毛白杨育苗基地

为后续研究在2*n*雌配子诱导技术上取得的巨大突破奠定了坚实的基础。

综上所述，朱之悌心系国家木材需求，从“六五”国家科技攻关计划开始围绕毛白杨速生、优质、广适的短周期用材林培育目标，充分研判国内外杨树遗传改良研究进展，分析我国林业发展现状，制定了符合我国国情的毛白杨育种战略，以收集的全国10个省（自治区、直辖市）分布区内1000余株优树资源为基础，带领团队开展了杂交和三倍体育种技术系统攻关，创造性地实现了毛白杨回交与双交育种结合三倍体育种的技术突破，选育了‘三毛杨’系列三倍体毛白杨新品种，并在纸浆林建设中推广应用（图4-11），引领了我国林木三倍体育种技术发展，该成果获得国家科技进步奖二等奖。科学研究从来不是一帆风顺的。期间，朱之悌也遇到了毛白杨种内杂交结籽能力低、杂交亲本（河北易县雌株）选配失误、2*n*花粉萌发能力弱、2*n*配子人工诱导技术难度大、杨树染色体镜检困难等一系列障碍，他坚持不懈，数十年如一日，带领团队通过全面调研和创新研究，逐一攻克了这些技术难题，不仅啃下了杂种起源毛白杨遗传改良的硬骨头，成了当之无愧的“三倍体毛白杨之父”，而且还为国家培养了一批从事林木多倍体育种的技术人才。而今，朱之悌种下的“白杨树”，早已枝繁叶茂，参天挺拔，杨树2*n*花粉形成和诱导机制被解析，毛白杨天然2*n*雌配子被发现，多条2*n*雌配子高效诱导技术途径被提出，三倍体杨树营养生长优势的机制被破解，杨树四倍体诱导技术取得突破，上千株杨树三倍体和四倍体新种质被创制，‘北林雄株1号’等国家良种被选育，三倍体育种技术更在杜仲、桉树、橡胶树等用材和特种树种中成功拓展应用，这些都是人们对朱之悌学术精神最好的继承。朱之悌勇于担当、敢为人先、求实创新的治学态度激励着我们一代又一代林木育种人，仰望星空，脚踏实地，为国家林业高质量发展、生态文明建设、“双碳”目标的实现奉献自己的青春与汗水。

参考文献

董天慈. 小叶杨与胡杨亚属间有性杂交[J]. 遗传, 1980, 2(1): 25-28.

符毓秦, 刘玉媛, 李均安, 等. 美洲黑杨杂种无性系: 陕林3、4号杨的选育[J]. 陕西林业科技, 1990(3): 1-9.

韩一凡, 杨自湘, 王建园, 等. 杨树抗性育种进展[M]// 林业部科技司. 阔叶树遗传改良. 北京: 科学技术文献出版社, 1991: 20-33.

黄东森, 朱湘渝, 王瑞玲, 等. 中林46等12个杨树新品种杂交育种[M]// 林业部科技司. 阔叶树遗传改良. 北京: 科学技术文献出版社, 1991: 1-19.

康向阳, 张平冬, 高鹏, 等. 秋水仙碱诱导白杨三倍体新途径的发现[J]. 北京林业大学学报, 2004, 26(1): 1-4.

康向阳, 朱之悌, 林惠斌. 杨树花粉染色体加倍有效处理时期的研究[J]. 林业科学, 1999, 35(4): 21-24.

康向阳, 朱之悌, 张志毅. 高温诱导白杨2*n*花粉有效处理时期的研究[J]. 北京林业大学, 2000, 22(3): 1-4.

康向阳, 朱之悌, 张志毅. 毛白杨花粉母细胞减数分裂及其进程的研究[J]. 北京林业大学学报, 2000, 22(6): 5-7.

康向阳, 朱之悌. 白杨2*n*花粉生命力测定方法及萌发特征的研究[J]. 云南植物研究, 1997(4): 395-401.

李天权, 朱之悌. 白杨派内杂交难易程度及杂交方式的研究[J]. 北京林业大学学报, 1989, 11(3): 54-59.

李艳华, 马洁, 康向阳. 白杨大孢子母细胞减数分裂进程及其即时判别[J]. 北京林业大学学报, 2005, 27(2): 70-74.

李毅, 刘榕, 孙雪新. 箭杆杨×胡毛杨良种选育及测定[J]. 林业实用技术, 2002(2): 7-8.

李云, 朱之悌, 田砚亭, 等. 极端温度处理白杨雌花芽培育三倍体植株的研究[J]. 北京林业大学学报, 2000, 22(5): 7-12.

李云, 朱之悌, 田砚亭, 等. 秋水仙碱处理白杨雌花芽培育三倍体植株的研究[J]. 林业科学, 2001, 37(5): 68-74.
林惠斌, 朱之悌. 毛白杨杂交育种战略的研究[J]. 北京林业大学学报, 1988, 10(3): 97-101
刘培林, 赵吉恭. 山杨良种选育[M]// 林业部科技司. 阔叶树遗传改良. 北京: 科学技术文献出版社, 1991: 116-141.
刘雅琴. 杨树杂交育种遗传规律初探[J]. 山西林业科技, 1981(4): 18-22.
鹿学程, 孙玉浩, 向玉茹. 昭林6号杨树杂交育种[J]. 杨树, 1985, 2(2): 1-8.
马常耕. 从世界杨树杂交育种的发展和成就看我国杨树育种研究[J]. 世界林业研究, 1994, 7(3): 23-30.
尚宗燕, 张继祖, 刘谦虎, 等. 漆树染色体观察及三倍体漆树的发现[J]. 西北植物学报, 1985, 5(3): 187-191.
苏晓华, 张绮纹. 世界杨树杂交育种亲本利用的进展及对策[J]. 世界林业研究, 1992, 5(2): 29-35.
王君, 康向阳, 石乐, 等. 理化处理诱导合子染色体加倍选育青杨派杂种四倍体[J]. 北京林业大学学报, 2010, 32(5): 63-66.
王明庥, 黄敏仁, 邬荣领, 等.美洲黑杨 × 小叶杨杂交育种研究[M]// 林业部科技司. 阔叶树遗传改良. 北京: 科学技术文献出版社, 1991: 1-19.
王绍琰, 强小嫒, 李桂华. 宁夏新品种银新1号杨和银新2号杨的特性[J]. 宁夏农业科技, 1986(1): 21-25.
王绍琰. 白杨派杨树杂交育种的研究[J]. 林业科技通讯, 1981(3): 4-6, 27.
徐纬英, 黄东森, 马常耕, 等. 杨树的有性杂交[J]. 林业科学, 1956, 2(3): 215-225.
徐纬英, 佟永昌. 新杨树杂种: 群众杨[J]. 林业科学, 1984, 20(2): 122-131.
徐纬英. 杨树[M]. 哈尔滨: 黑龙江人民出版社, 1988.
杨今后, 杨新华. 桑树人工三倍体育种的研究[J]. 蚕业科学, 1989, 15(2): 65-70.
张继祖. 速生优质高产的三倍体漆树[J]. 陕西林业科技, 1990(3): 17-26.
张绮纹. 黑杨派内杨树的遗传改良[J]. 林业科学, 1987, 23(2): 174-181.
张志毅, 李凤兰. 白杨染色体加倍技术研究及三倍体育种(Ⅰ): 花粉染色体加倍技术[J]. 北京林业大学学报, 1992, 14(增3): 52-58.
朱壬葆, 刘永, 罗祖玉. 辐射生物学[M]. 北京: 科学出版社, 1987.
朱之悌. 毛白杨遗传改良[M]. 北京: 中国林业出版社, 2006.
BAKULIN V T. A triploid clone of aspen in the forests of the Novosibirsk region[J]. Genetika, 1966(11): 56-68.
BAUMEISTER G. Beispiele der polyploidie-Züchtung[J]. Allg Forestz, 1980(35): 697-699.

BVIJTENEN V, JORANSON P N, EINSPAHR D W. Naturally occurring triploid Quaking Aspen in the United States[M]. Proc. Soc. Amer. For., 1957: 62-64.

DILLEWIJN C. Cytology and breeding of *Populus*[J]. Ned Boschb Tijdschr, 1939(12): 470-481.

DU K, LIAO T, REN Y, et al. Molecular mechanism of vegetative growth advantage in allotriploid *Populus*[J]. Int J Mol Sci, 2020(21): 441.

EINSPAHR D W. Production and utilization of triploid hybrid aspen[J]. Iowa State J Res, 1984, 58(4): 401-409.

EVERY AD, WIENS D. Triploidy in Utah aspen[J]. Madrono, 1971, 21(3): 138-147.

GULYAEVA E M, SVIRIDOVA A D. Method of producing diploid pollen in forest trees[J]. USSR-Patent, 1979(664): 617.

GURREIRO M G. The silvicultural improvement of Populus[J]. Publ Serv Flor Aquic, Portugal, 1944, 11(1/2): 53-117.

HAN Z Q, GENG X N, DU K, et al. Analysis of genetic composition and transmitted parental heterozygosity of natural 2*n* gametes in *Populus* tomentosa based on SSR markers[J]. Planta, 2018, 247(6): 1407-1421.

HENRY A. A new hybrid poplar[J]. Gard Chron, 1914, 56(3): 257-258.

HYUN S K, HONG S O. Inter- and intra-specific hybridization in poplars list of poplars produced by the Institute of forest genetics in Suwon[J]. Res Rep Inst For Gen Korea, 1959(1): 61-73.

JARVEKULG L, TAMM U. Triploid aspen in Estonia[J]. Metsanduse Tead Uurim Lab Metsandusl Uurim, 1970(8): 10-35.

JOHNSSON H. Cytological studies of diploid and triploid *Populus tremula* and of crosses between them[J]. Hereditas, 1940(26): 321-352.

JOHNSSON H, EKLUNDH C. Colchicine treatment as a method in breeding hardwood species[J]. Svensk Papp Tidn, 1940(43): 373-377.

KIM K H, ZSUFFA L. Reforestation of South Korea: The history and analysis of a unique case in forest tree improvement and forestry[J]. For Chron, 1994, 70(1): 58-64.

LI D L, TIAN J, XUE Y X, et al. Triploid production via heat-induced diploidisation of megaspores in *Populus pseudo-simonii*[J]. Euphytica, 2019, 215(1): 10.

LIU W T, SONG S Y, LI D L, et al. Isolation of diploid and tetraploid cytotypes from mixoploids based on adventitious bud regeneration in *Populus*[J]. Plant Cell Tiss Organ Cult, 2020(140): 1-10.

LI Y, WANG Y, WANG P, et al. Induction of unreduced megaspores in *Eucommia ulmoides* by high temperature treatment during megasporogenesis[J]. Euphytica, 2016(212): 515-524.

LU M, ZHANG P, KANG X. Induction of 2*n* female gametes in *Populus adenopoda* Maxim by high temperature exposure during female gametophyte development[J]. Breeding Sci, 2013(63): 96-103.

MASHKINA O S, BURDAEVA L M, BELOZEROVA M M, et al. Method of obtaining diploid pollen of woody species[J]. Lesovedenie, 1989(1): 19-25.

MOHRDIEK O. Progeny studies in poplars of the sections Aigeiros, Tacamahaca and Leuce, with recommendations for further breeding work[M]. Thesis, Georg August Universitat Gottingen, German Federal Republic, 1976.

MÜNTZING A. The chromosomes of a grant *Populus tremula*[J]. Hereditas, 1936(21): 383-393.

NILSSON-EHLE H. Note regarding the gigas form of *Populus tremula* found in nature[J]. Hereditas, 1936(21): 372-382.

NILSSON-EHLE H. Production of forest trees with increased chromosome number and increased timber yield[J]. Svensk Papp Tidn, 1938(2): 5.

SEKAWIN M. Poplar breeding in northern Italy, Including *P. deltoids*[M]// Proceedings Symposium on Eastern Cottonwood and Related Species, 1976: 170-175.

SEITZ F W. The occurrence of triploids after self-pollination of anomalous androgynous flowers of a grey poplar[J]. Z Forstgenet, 1954, 3(1): 1-6.

STOUT A, SCHREINER E. Results of a project in hybridizing poplars[J]. J Hered, 1933, 24(6): 217-229.

SYLVEN N. Annual report on the work of the association for forest tree breeding during the year[J]. Svensk PappTidn, 1943(47): 38.

TAMM Y A, YARVEKYULG L Y. Results of searches for triploid aspen in Estonia[J]. Lesovedenid, 1975(6): 19-26.

TEISSIER DU CROS E.Breeding strategies with poplars in Europe[J]. For. Eool. and Manag., 1984(8): 23-39.

TSAREV A P, TSAREVA R P. Poplar breeding in the regions of temperate climate of the USSR[M]// Proceeding of the XIX IUFRO World Congress, 1990: 5-11.

WANG J, KANG X Y, LI D L, et al. Induction of diploid eggs with colchicine during embryo sac development in *Populus*[J]. Silvae Genet, 2010, 59(1): 40-48.

WANG J, LI D L, KANG X Y. Induction of unreduced megaspores with high temperature during megasporogenesis in *Populus*[J]. Ann Forest Sci, 2012, 69(1): 59-67.

WANG J, LI D L, SHANG F N, et al. High temperature-induced production of unreduced pollen and its cytological effects in *Populus*[J]. Sci Rep, 2017(7): 5281.

WANG J, SHI L, SONG S Y, et al. Tetraploid production through zygotic chromosome doubling in *Populus*[J]. Silva Fenn, 2013, 47(2): 932.

WEISGERBER H, RAU H M, GARTNER E J, et al. 25 years of forest tree breeding in Hessen[J]. Allgemeing Forstzeitschriff, 1980(26): 665-712.

XU C P, ZHANG Y, HUANG Z, et al. Impact of the leaf cut callus development stages of *Populus* on the tetraploid production rate by colchicine treatment[J]. J Plant Growth Regul, 2018(37): 635-655.

YANG J, WANG JZ, LIU Z, et al. Megaspore chromosome doubling in *Eucalyptus urophylla* S.T. Blake induced by colchicine treatment to produce triploids[J]. Forests, 2018(9): 728.

YAO P, LI G, QIU Y, KANG X. Induction of 2*n* female gametes in rubber (*Hevea brasiliensis*) by high-temperature exposure during megasporogenesis as a basis for triploid breeding[J]. Tree Genet Genom, 2020(16): 24.

ZHANG Z, KANG X. Cytological characteristics of numerically unreduced pollen production in *Populus tomentosa* Carr[J]. Euphytica, 2010(173): 151-159.

ZHANG Z, KANG X, ZHANG P, et al. Incidence and molecular markers of 2*n* pollen in *Populus tomentosa* Carr[J]. Euphytica, 2007, 154(1): 145-152.

ZHANG Z Y, LI F L, ZHU Z T, et al. Doubling technology of pollen chromosome of *Populus tomentosa* and its hybrid[J]. Journal of Beijing Forestry University (English Ed.), 1997, 6(2): 9-20.

第五章

幼化为基，袭故弥新：毛白杨无性繁殖与应用学术思想

林木无性繁殖与应用是无性系林业发展的基础，对于包括我国在内的世界人工林培育发展具有越来越重要的作用。1973—1983年，国际林业研究组织联盟（IUFRO）连续召开了6次无性系林业专题大型国际会议，发展无性繁殖与林木育种结合的无性系林业成为国际共识。毛白杨是我国特有的速生杨属树种，系杂种起源，其优良性状有赖于无性繁殖维持，但其扦插成活率低，无性繁殖效率一直难以突破，严重限制了其发展。新中国成立初期，林业工作者依赖在实践中积累的劳动经验与智慧，创造了多种方法试图攻克这一难题，取得了一些进展，但由于缺乏科学理论的指导，这些方法的繁殖系数很低，而且成熟效应（苗木老化）和位置效应（斜长）现象逐渐积累，苗木质量不高。朱之悌特别注意年龄效应的不良影响，提出了幼化是林木无性繁殖的基础科学思想，通过挖根促萌获得毛白杨幼化材料。他围绕幼化与幼态保持，开创性地将组培思路运用于大田苗圃育苗之中，将实践中效果突出的多项毛白杨无性繁殖技术取其精华进行集成，提出毛白杨多圃配套系列育苗技术，从根本上突破毛白杨无性繁殖材料幼化、复壮以及大规模扩繁的难关。这种以科学理论为指导，在现有技术基础上再创造的学术思路，在现代林木遗传育种研究中仍然具有广泛的指导意义。

毛白杨是我国北方十分珍贵、速生、重要的乡土树种，其速生性、抗性、城市绿化和行道观赏价值等优良特征很早就引起了国内林业工作者的关注，但由于种子难得，保存期短，有性繁殖困难，其繁育技术一直是限制其规模化应用的瓶颈，许多专家学者包括一线技术工人，对毛白杨无性繁殖育苗进行了广泛的尝试与创新，提出了多种多样的育苗技术，如“孙振海埋条法”“基部灌溉法埋条育苗”“接炮捻”“毛白杨留根繁殖法”“萘乙酸温床催根法”“平埋培土法”等，相对成熟的技术也曾阶段性地在局部地区流行，这些技术可以相互补充，在一定程度上促进了新中国成立初期至20世纪80年代毛白杨的繁育与推广，但由于种种原因，并没有出现明显超越其他技术的集大成者在生产上大规模被应用。

上述这些技术主要是嫁接（接炮捻）与埋条等方法的不断改良，在一定程度上解决了毛白杨生根困难的问题，但繁殖系数始终维持在较低水平，无法实现无性系苗木的低成本快速大规模繁育。而且，由于缺乏理论指导，以往所有技术体系均未能实现从经验技术到科学技术层次的突破，例如，未考虑试材的内在特性（如年龄、生理活性）对扦插繁殖的影响，造成效果不稳定，尤其是未做到长远统筹评估，以苗繁苗，忽略了成熟效应（苗木老化）和位置效应（斜长）对繁殖苗木的长期影响，造成造林质量低下。

1958年，朱之悌在苏联莫斯科林学院跟随雅勃那阔夫院士读研究生时，便开展了“核桃杂交和无性繁殖试验”研究，并于1961年初以此为题完成副博士论文答辩。在此过程中，朱之悌受到的科学研究方法的训练，以及研究过程中发现年龄、生理活性、生化代谢等因素对核桃嫁接存活率存在显著影响，这无疑对他日后总结提出科学的林木幼化与良种繁育思想奠定了重要基础。1983年，在“六五”国家科技攻关研究中，朱之悌特别注意年龄效应的不良影响，通过挖根促萌获得毛白杨幼化材料，用于优树无性系测定与良种繁育，以消除成年优树的年龄差异。他通过将分步培养的组培思路巧妙运用于大田苗圃育苗之中，研究出毛白杨多圃配套系列育苗技术（图5-1），严格执行采穗圃与生产苗木的繁殖圃分开经营的原则，弃绝以苗繁苗的做法，防止苗木积累性衰老；通过采穗圃年年平茬以及采穗圃与根繁圃定期转换，保持繁殖材料的幼化状态，解决了毛白杨无性繁殖材料幼化、复壮以及大规模扩繁的难关，提高了育苗成活率及其稳定性，并使繁殖系数剧增，3年可从1株扩繁到100万株，年均33万株，攻克了毛白杨常规大规模繁殖的世界性难题。这项成果作为林业部和国家推广项目中技术成熟可靠、覆盖面广、经济与社会效益均佳的技术成果，多次在中央人民广播电台、中央电视台以及国内数十家报刊上加以报道推广。该成果于1996年获林业部科技进步奖二等奖，1997年获国家科技进步奖二等奖。

图 5-1　朱之悌指导基地应用毛白杨多圃配套系列育苗技术

朱之悌关于林木幼化与良种繁育学术思想的核心是始终把“育苗为林”作为长远战略目标，无性系繁育技术不仅要解决成活率低、稳定性差、繁殖不快等眼前问题，更要关注繁殖材料最终的造林质量问题。因此，多圃配套系列育苗新技术荣获国家科技进步奖二等奖，也是他实现“南桉北毛、黄河纸业”梦想的必由之路，但他同时更加关注良种培育问题，繁育技术是为良种服务的，有了良种配套繁育技术才是实现“育苗为林”战略目标的根本路径。这一战略思维对于人工林培育的每一个环节，包括无性繁殖、工厂化组培育苗、基因工程、培育技术、经营措施等都具有广泛的指导意义。这也是我们时至今日仍要发掘与学习其学术思想的现实意义。

第一节

林木无性繁殖与应用的研究背景

新中国成立初期，由于久经战火与过度采伐，我国森林面积仅剩为国土面积的5%，全国面临着2.6亿hm^2的荒山，1950年，政务院发布《关于全国林业工作的指示》，向全社会发起护林造林号召，自此，我国林木种苗产业迎来了一个快速发展期。

毛白杨是我国特有的优良杨属树种，具有许多优良特性，但其不像黑杨，扦插容易生根；也不像青杨，授粉很好结籽，而且毛白杨系杂种起源，其优良性状有赖于无性繁殖维持，但其扦插成活率低，无性繁殖效率一直难以突破，严重限制了其发展。林业工作者依赖在实践中积累的劳动经验与智慧，创造了多种方法试图攻克这一难题，主要依靠嫁接（接炮捻）与埋条等方法，繁殖系数很低。而且这种繁殖方法因多是以苗繁苗，苗木老化（成熟效应）和斜长（位置效应）现象不能消除，苗木质量不高。

第一种毛白杨育苗法是埋条法。北京、河北一些地区的毛白杨育苗，一般以埋条法为主。此法溯源于新中国成立初期北京铁路苗圃工人孙振海首创的压条法，在1952年国民经济恢复期间，河北省农林厅曾在全省推广了“孙振海毛白杨压条繁殖法”，在当时对毛白杨繁殖发挥了一定的推动作用。该技术利用不带根的毛白杨1年生苗干中皮层潜伏的根原基，尤其利用埋干腋芽长出的嫩枝易于形成不定根的特点，待埋干萌生新苗长大后再将地下母条逐个切断以形成独立植株。此法的优点是埋条上任何一处生根，就能保证整条嫩枝的生长，所以出苗数较多，但最后切割下来成活的株数却很有限。这种埋条繁殖方法沿用到20世纪70年代，杨镇等人在“孙振海埋条法”的技术上，从1978年开始对此进行改革试验，借助渠埂加厚种条基部埋土，并使渠道经常通水、土壤潮湿以促进基部尽快生根。通过7年对比试验及1984年中间试验，提出“毛白杨基部灌溉法埋条育苗技术”。原埋条法成苗率低、耗条量大、管理复杂、繁殖系数不高。而基部灌溉法埋条则利用种条基部根原基密集的特点，干脆只用下半部或2/3部分的种条，将它们一一排列起来，使其基部对齐，并统一都朝向水渠，这样苗木基部与灌水渠道相通，渠道灌水时，种条基部吸水，水分沿导管直达全株，因而提高了侧芽的萌生及其出苗率。这个方法大大加大了毛白杨的繁殖系数。该技术经过专家鉴定后，于1986年在河北中南部18个县推广，1987年该推广项目还获得林业部科学技术进步奖三等奖。1987年，北京市农林科学院林业果树研究所提出的“侧方灌溉埋条法”也取得了成功，自生根系是一般埋条法苗木的4倍，并克服了一般埋条法苗木“拐棒根”之弊，亩产量在3000株以上，苗木根系完整发达。

第二种毛白杨育苗法是接炮捻法。1964年，河北永清等县大量采用“接炮捻”（用容易生根的杨树作砧木，以毛白杨为接穗）造林技术，造林成活率达到80%以上，1965年，北京市农林局也采用黑杨做砧木芽接毛白杨，此后一段时间，该技术曾在河北、山东、河南等多地推广。在山东冠县一带，通常将带有2个0.5~1cm粗的毛白杨芽接穗，劈接到长10cm粗1.5~2.5cm的大官杨砧木上，然后捆成捆于严冬前埋于露天地坑之中，令其接口愈合，翌年早春取出，于3月下旬插入苗床之中。因大官杨砧木入土1周后即开始生根，促进了接穗侧芽的生长，于是毛白杨“借根抽条”，欣欣向荣，不仅成活率高（一般70%以上），而且利用早春较好的土壤墒情和砧木营养，在生长量上比埋条法或扦插法育苗有绝对的优势，苗木当年可长到3~4m以上，而且整齐一致，再加上后期培土，新茎长出不定根完善其自生根系。这样一来，“炮捻苗”就有3层完善的根系：1层来自砧木、1层来自接穗、1层来自接穗的新茎，成为具有多层根系的直立苗木。毛白杨发展到炮捻（枝接）育苗，是毛白杨育苗技术的一大进步，该方法在三倍体毛白杨推广过程中曾较长时间内发挥过良好作用。由此，中国毛白杨育苗开创了举世无双的先例，即直至20世纪末在世界林木树种育苗中，应用嫁接苗而进入大规模造林的，也大概只有中国毛白杨了。

第三种毛白杨育苗法是直接扦插法。由于毛白杨本身难以生根，所以该方法影响因素较多，存活率受基因型与环境共同决定，具有很强的经验性。1968年，河北张北县中心林场经过十年的试验，在多次失败后成功将当年嫩枝扦插的成活率提高到78%，提出一套“毛白杨嫩枝育苗技术”，该技术曾于1981年在河北全省推广。1977年，河北林业专科学校教师裴保华、王世绩以“萘乙酸温床催根法”提高了毛白杨生根率。通过窖藏、激素处理等措施，毛白杨硬枝扦插此后也取得了一定的进展。从生理学来看，插条生根取决于两点：一是种条中生长抑制剂含量较低，使根原基不被抑制剂压制而能长出皮层；二是种条中生长素含量较高，在不施加外源生长素促进下根原基也可自行钻出皮层。满足了这二项条件后毛白杨自然也就可以用插条法繁殖了。然而这种繁殖方法成活率不稳定，常取决于冬前气候条件。西北林学院（1999年并入西北农林科技大学）邱明光教授是这方面的能手，在西安、杨凌一带扦插成活率在80%~90%。但当他去陕西延安进行毛白杨扦插育苗时，低温和种条的限制使他也束手无策。可见毛白杨扦插育苗的难度，实际存在于它内部生理的限制。

第四种毛白杨生产上常用的育苗方法是留根繁殖法。该方法是林业生产中偶然积累的直接经验，1954年春，河北省西陵林场苗圃组组长工人赵怀明，在上年埋条法苗木用铁镐起苗，出圃后随即耕地后擦平并施基肥，准备重新作榆树育苗，但在榆树种子尚未成熟时，发现原来埋条的行列萌生出许多毛白杨幼苗，林场和河北省农林厅工作组研究决定将这块地留作观察试验，年终这块试验地平均每公顷产毛白杨苗5万株，并命名为“毛白杨留根繁殖法”，苗木质量超过埋条法苗木。它利用毛白杨根萌性强的特点，当第一轮苗木挖走以后，从土壤中残留下来的根端又会萌出新的第二轮苗木来，这样周而复始地起用根蘖苗达到繁殖的目的。该技术曾获得“中华全国总工会全国劳动模范大会林业模范”奖励，并于1978年获得国家科学技术委员会、国家农业委员会科技成果推广奖。

上述4种育苗方法几乎概括了新中国成立后40年毛白杨育苗的主要方法。这些方法在不同区域重叠演替，被多次改良，可以看出林业生产对突破毛白杨繁育瓶颈的迫切需求，也暗示着这些方法或多或少地存在着一些局限性，而育苗的质量与数量两个方面对于其大规模应用尤为重要。

埋条法繁殖耗费种条较多，繁殖系数很低，一般只有3~5倍，育苗管理复杂，苗木分布不均、粗细不等，难以符合现代育苗的要求，是一种较原始的育苗方法。后来经改善的“基灌法育苗”使繁殖系数增大，但育苗方法和整体水平与埋条法大同小异。这类育苗都不采用专门的采穗圃，都是以苗繁苗，苗木的成熟效应与位置效应都不能消除，所以一般质量不高。

接炮捻繁殖，无论育苗的质量、数量都比埋条法大大前进了一步。但炮捻制作过程中的技术及冬藏春取、大田扦插等环节十分复杂，稍有不慎就造成炮捻霉烂、穗砧错位或嫁接技术失当等问题，使成活率降低，而且这种繁殖方法也是以苗繁苗，常常造成积累性衰老、像埋条法一样很难满足无性系造林对苗木质量幼年性、一致性与可比性的要求。

硬枝扦插法繁殖是较小范围内能够推广的方法，在气候状况发生波动的年代，扦插生根率很难保证，何况此法也是以苗繁苗，加之材料未经幼化，所以繁殖出的苗木不过几年就结籽累累，枝条下垂，顶梢分叉、平展等成熟效应现象经常出现。

留根繁殖法是个较好的方法，尤其从幼化的角度来看更是如此。但这里的留根繁殖法不是作为采穗圃的经营手段，而是直接繁殖商品大苗，所以留根苗的结果自然是出苗先后不一，分布稠稀不匀，苗木生长不齐，很难符合一致性无性系苗木要求。

综上所述，实际生产上常用的毛白杨育苗法在这40年来虽有很多进步，但从无性系育种和无性系造林的角度要求来看，它们或质量不高，或繁殖不快，或兼而有之，总之，育苗效果不够理想，有待进一步提高。鉴于毛白杨繁殖技术没有很好解决，林业部科技司在组织“八五”国家科技攻关重点课题时，将毛白杨育苗技术的研究列入“毛白杨短周期工业用材新品种选育”专题，作为其子专题之一，由朱之悌负责进行研究，要求在总结现有毛白杨育苗技术的基础上，从质量上和数量上解决毛白杨育苗的技术。其主攻目标在质量上要求所繁苗木有很好的幼年速生性（无成熟效应）、一致性（同一无性系的苗木整齐一致）和可比性（不同无性系的苗木都幼化到实生苗的水平，不受母树年龄老幼的影响，无位置效应，在无性系测定中有可比性），即有很好的苗木质量水平；在数量上要求繁殖系数在现今3~5倍的基础上，提高到数十倍的水平，争取由1株出发，3年扩繁到上万倍，使数量获得空前提高，同时苗木成本降低30%。换言之新的毛白杨育苗技术的主攻目标，一要质量好，二要数量高，三要成本低，物美价廉，符合现代无性系育种和无性系造林对苗木的技术要求。而解决好优树间繁殖材料的幼年性和一致性问题，就成为毛白杨无性系良种选育中的首要前提。

对于林木的幼化，当时国外应用最多的是采取优树的种子作为解决优树繁殖材料幼年性和一致性的手段，但优树种子并非优树本身，为了避免半同胞种子引起的误差，采用双亲控制授粉种子，作为繁殖取样材料，这种方法在瑞典的挪威云杉、澳大利亚的辐射松与桉树均采用，以种子苗平茬生产年幼的插穗，解决了扦插生根的困难，这些方法在辐射松上甚至一直沿用至今。

除了利用种子苗作为无性繁殖取样材料外，优树基部萌条也可以用来做幼化繁殖材料，如桉树。因为对树木来说，幼年期与成年期的特性可在同一株树上共存，即不同部位在不同时期达到不同程度的老化，以致百年老树上，仍然在一些部位保存着百年以前的幼年性状。树木的老化具有“年老梯度”性质，一棵实生苗发育到个体发育的老年阶段时，不是整株全部老化，而是由基部向顶部、由内部向外部逐渐老化。靠近根的部位通常保持其幼年性，而远离根部区域则较成熟，如刺槐基部枝条是幼态的，具刺而无花；相反，树冠上部枝条则是成熟的，有花而无刺。因此，从基部或根部等幼年区取条，即便是老树也可恢复到幼态，美洲山杨利用根基萌芽进行无性繁殖获得了理想效果。

实践经验表明，仅对以往技术进行简单改良优化是无法实现毛白杨规模化良种繁育这一宏伟目标的，必须从传统的造林育苗学栽培技术中解放思想，从方法论上进行革新。朱之悌运用其战略眼光、学科背景与研究经历，创造性地吸取各方法的优点，从林木遗传育种学和生物组培技术的角度，提出“毛白杨多圃配套系列育苗技术”，圆满地解决了良种繁育中苗木数量与质量问题。利用苗木根萌条永远年幼这一特点，采用多圃配套，即采穗圃、砧木圃、根繁圃、繁殖圃有机结合繁殖苗木，苗木不因繁育世代的推进而老化，具有幼年性、速生性和一致性，且繁殖系数有质的飞跃，每年可扩繁数万倍，超过组培水平，成功地把毛白杨育苗技术推上一个全新的台阶。该技术绝不是简单地将前人较优方法打包利用，而是从理论与方法上对传统技术的颠覆，如将树木幼化的理论及其途径引入育苗学，创造性地将组培分段流程的思路在大田育苗中应用等，开拓了传统育苗技术的新领域。

第二节

林木无性繁殖与应用学术思想的形成

一、良种繁育是实现林木良种化的关键路径

1958年，朱之悌在苏联莫斯科林学院读研究生，因为当时林学研究的三大主题是“多快好省地繁育良种、速生破产、遗传性改造的气候驯化”，因此他的副博士研究选题为“核桃杂交和无性繁殖试验”。1963年，朱之悌回国并晋升为讲师后，又开展了毛白杨生根抑制剂分离和调控试验研究。1973年，学校迁址云南时期，虽转徙流离，他仍然想办法创造条件开展工作，自己动手组建林木育种研究必备的温室，开展了毛白杨无性繁殖试验，无性繁殖成为贯穿他整个学术生涯的重要研究方向。

1978年，朱之悌以特约稿的形式在《湖南林业科技》上发表了《树木良种化的概念及其实现的程序和途径》理论介绍文章，梳理了实现树木良种化的4道工序：优良类型的选择（选优）、表型测定（后代测定）、良种繁育、区域化试验。他指出，良种繁育的任务是在不损坏、不降低原种优良品质的同时，又能在量上得到足以满足生产要求的大规模繁殖。可以看出，虽然良种繁育的主要任务是研究解决繁殖的方法，但当时朱之悌已经科学地意识到繁殖技术服务的对象首要是良种，并且繁殖技术要始终以苗木质量为最终目标。这一标准直接体现在他之后十分强调良种与繁殖材料的幼化上。

虽然当时林木良种的繁育大部分依赖种子园，扦插苗的成本比实生苗约高出1/3，但是，20世纪70年代以来无性繁殖在林木遗传改良上的应用取得了很大的进展。朱之悌指出：“以有性繁殖为主的树种，一旦克服扦插困难，就发现扦插苗比实生苗在先期生长、遗传品质的保存等方面，要优越得多”“这样的苗木，不论从形态上、生理上、对耕作技术的反应上都是一致的，很便于苗木标准化与机械化经营”，并预测到扦插育苗逐步走向车间化，以获得面积小、产量高、高度集约经营及生根成苗周期短的好

处。林木良种生产取无性系改良途径，不仅方式简便、迅速、灵活，而且增益更为直接和显著。能够无性繁殖的树种，走无性系改良的途径，决不再搞种子园，这已成为发展趋势。这些认识时至今日仍具有很强的实践指导意义。

二、林木幼化是良种繁育成功的基础

在无性繁殖过程中，朱之悌特别强调了要注意成熟效应与位置效应，他在1978年已经总结出："苗木长期扦插繁殖，常使生活力衰退。在不讲究修剪、整形、平茬与水肥管理的情况下，任其自然地生长，便会出现瘦弱、发枝率逐渐降低、枯梢等现象。这样生产的苗木，不仅在数量上，而且在按标准化要求的质量上，都会发生问题。位置效应是指扦插的材料，即算是采自同一原种植株，但由于部位不同，由它长成的采穗树采下的种条质量，也会存在差别。"正是在这一理论的指导下，"六五"国家科技攻关专题研究成果"毛白杨优树快速繁殖方法"通过科技成果鉴定（图5-2），并获林业部科技进步奖一等奖。1983年，在"七五"国家科技攻关毛白杨基因资源收集、保存和利用项目研究中，他带领团队创造性地采取了分部位取样、分部位保存的方法，即通过挖根促萌繁殖，以消除成年

图 5-2　1986 年，"毛白杨优树快速繁殖方法"通过林业部组织的科技成果鉴定

优树的年龄差异，用于优树无性系测定；而通过采集成年性花枝嫁接繁殖，获得保持成年性的花枝苗，提早开花结实，用于杂交育种。

在林木无性系育种中，作为成年优树的无性繁殖方法，不仅要求能繁殖出众多的无性系分株，满足无性系测定的需要；而且还要求所繁殖出的苗木，既能解除成年大树的老化、恢复幼态，又能克服枝条的位置效应、消除不同母树的年龄差别，使优树无性系测定的试材具有幼年性、一致性和可比性的共同基础。这对分布甚广、环境变异多样、无性繁殖困难的毛白杨树种来说更为重要。

对于生产中难扦插繁殖，茎基又很少萌条的成年优树，可以采用挖根人工诱导萌条，再结合萌条嫩枝营养杯扦插优树幼化繁殖的方法，是一种十分有效的无性繁殖方法。繁殖质量好，繁殖系数大。例如，毛白杨成年优树用粗2~4cm、长100cm的根、剪成20cm的根段，埋在湿润沙子中，甚至可萌出160多个根出条（图5-3）。根出条因幼年性强，不做任何处理可以获得80%~90%以上的生根率，如果在结合萌苗高茬剪穗，或根上留条的办法，还可延长剪条时间，提高繁殖系数。

为解决无性繁殖过程中的成熟效应与位置效应，朱之悌将分步培养的组培思路巧妙运用于大田苗圃育苗之中，研究出毛白杨多圃配套系列育苗技术（图5-4），即通过挖根促萌获得毛白杨幼化材料，建立提供原种繁殖材料的采穗圃（图5-5）；利用群众杨、大青杨等砧木树种与毛白杨芽接亲和力高且容易扦插繁殖的特点建立砧木圃（图5-6），在砧木苗木上每隔15cm嫁接1个芽，增大繁殖系数；严格执行采穗圃与生产苗木的繁殖圃（图5-7）分开经营的原则，弃绝以苗繁苗的做法，防止苗木积累性衰老；通过采穗圃年年平茬以及采穗圃与根繁圃（图5-8）定期转换，保持

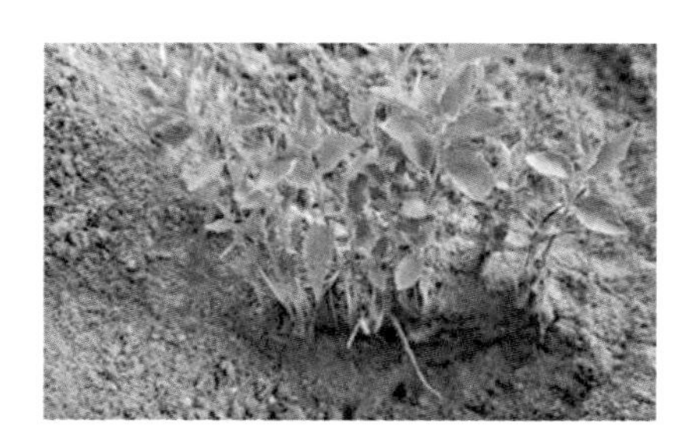

图 5-3　毛白杨通过沙培埋根促萌、嫩枝扦插复幼

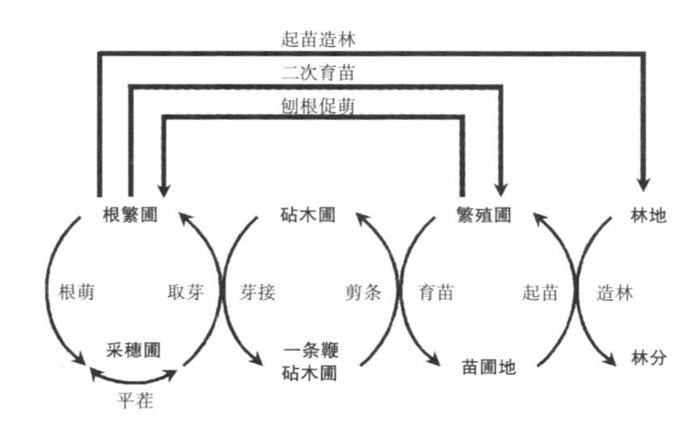

图 5-4　毛白杨多圃配套系列育苗技术流程示意图

图 5-5　毛白杨多圃配套系列育苗技术的采穗圃

图 5-6　毛白杨多圃配套系列育苗技术的砧木圃

图 5-7　毛白杨多圃配套系列育苗技术的繁殖圃

图 5-8　毛白杨多圃配套系列育苗技术的根繁圃

繁殖材料的幼化状态等。这样，朱之悌通过采穗圃、砧木圃、繁殖圃、根繁圃4圃配套育苗的办法，解决了毛白杨无性繁殖材料幼化、复壮以及大规模扩繁的世界性难题。有趣的是，该技术巧妙地吸收了“炮捻法”“留根繁殖法”等技术的优点，但解决了它们无法实现大规模扩繁的难题，实现了“1+1>2”的效果，其技术关键便是每一步都严格保证了繁殖材料的幼化。

三、树木幼年性与成年性及其相互关系及利用

在“六五”“七五”国家科技攻关研究中，朱之悌带领团队通过挖根促萌获得了毛白杨幼化材料，取得了显著成效，1992年，他在全面总结国内外以及毛白杨无性系育种研究中积累的经验，系统性地阐述了树木的老化、幼年性、成年性、相互关系及利用的学术思想，这一思想也成为毛白杨多圃配套系列育苗技术的核心理论基础。

树木个体发育周期存在阶段性，从树木生长形态上至少可将树木的发育周期区分为幼年期、成年期、衰老期3个发育阶段，不同阶段的发展与顺序性由年龄（age）和老化（ageing）调控，即发育的阶段性受老化的控制，是老化的产物和结果。老化是树木无性繁殖中引起成熟效应、位置效应的根源。树木存在3种形式的老化，即年代老化、生理老化和个体发育老化，从林木育种和育苗的角度来看，个体发育老化与无性繁殖最为密切，甚至决定了无性繁殖的成败。

树木的幼年性与成年性是由树木的幼年期与成年期决定的。它们之间有区别，也有联系。幼年期与成年期是质上不同的发育阶段，除了生殖发育能力的区分外，有许多物种也具有明显的形态区别。但是，幼年期向成年期过渡是个渐变的过程，并非像开花与否那样绝对分明，成年阶段是随着幼年阶段植株个体的大小增加、复杂性增加、年龄增加，最终逐渐由量的积累导致质的转变。这种特性导致了幼年期与成年期可以在同一株树上共存，即不同部位生理老化程度不同，越是大树顶端，越是大树外缘，它们的枝条虽然年龄上是最年轻的，但在阶段上则是最年老的。相反，树木的基部（包括根区）在年龄上是最老的，但在阶段上是最年轻的。由这些部位起源的萌条，如根萌条、平茬萌条等枝条都具有很强的幼年性，扦插很容易生根，所以这一部位（指根部和根桩一带）被称为“幼年区”。从幼年区采条不仅保持了幼年性，生根比较容易，而且无位置效应，克服了斜长，从而使不同无性系间有可比性（图5-9）。所以，在树木上发现有幼年区的存在及其开发利用对树木幼化和无性繁殖有十分重要的意义。

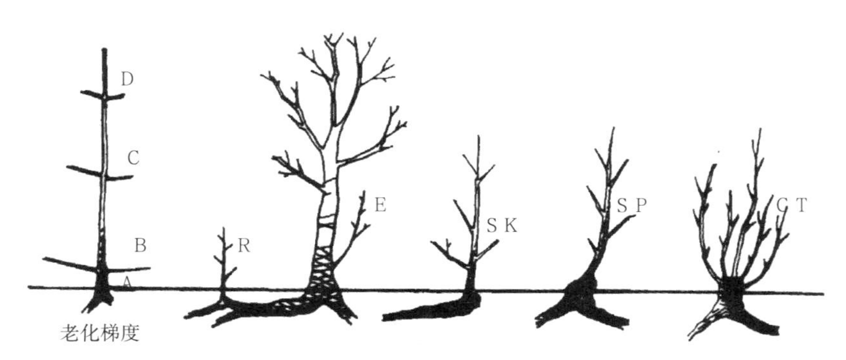

A—幼年区；B~E—萌生条；R—根蘖条；SK—根出条；SP—根桩萌条；CT—根桩平萌条。

图 5-9　树木老化梯度和幼年区利用（树木老化梯度 D > C > B > A）

幼年期的长短，随植物种类的不同而不同，由幼年期向成年期过渡，不同树种有其固定年龄。树木幼年期的长短，在通常情况下是一定的，受其遗传性的控制。然而通过选种、育种和其他环境因子的影响，也可以改变其进程，使幼年期缩短或延长，这些措施包括：选种与育种、去顶与平茬、连续嫁接或扦插等。控制树木幼年期向成年期的进程，这对人是很有利的。有时候人们希望树木缩短幼年期而尽快进入成年期，等待结实与收获；有时候人们又希望树木停留在幼年期，永远保持旺盛的营养生长而不开花结实，以获得更多的木材。因开花结实必然浪费很多的营养，使生长速率变慢。就无性繁殖而言，当然也希望停留在幼年期，使苗木保持很高的扦插生根能力而不下降。

树木个体发育的周期是树木逐步衰老的过程，但通过有性繁殖、减数分裂和受精作用可以解除树木的老化，这样从衰老的大树上结下的种子，又恢复了生机，它们在年龄上是最年轻的，阶段上是最年幼的，这样从种子到树木永处幼态繁殖之中，树木的世代得以复壮与绵延。然而，无性繁殖本身并不存在类似的老化解除机制，为了不使无性繁殖材料因逐年逐代不断衰老成为无用，需要人为地加以安排，即在每代无性繁殖之前，人为地使上代无性繁殖衰老下来的材料重新幼化，从成熟植株的幼年区上获得材料的幼化方法最为可靠。

对于毛白杨树种特性，挖根促萌是获得幼化材料的最好方法，育种群体与生产群体应针对不同目标分开专营，为避免老化，采穗圃需要通过强力平茬年年复壮或幼化，且一定年限后要重新挖根促萌，重建采穗圃。因为对于树木而言，根永远是保持幼年性的，因此，以根繁苗是育苗的基本原则，弃绝以苗繁苗的做法，防止苗木积累性衰老（图5-10）。

从林木遗传育种学的角度来看，良种的复壮保纯与良种数量繁殖的问题，即繁殖过程中的质与量的问题，属育种学的良种繁育部分。质与量是不能分割的，它们都处于繁殖的动态之中，苗木也不能摆脱老化的规律，苗木从根繁或实繁那天起，就迈入个体发育周期规律之中。顺应树木老化、幼年性、成年性与相互关系的规律，使繁殖苗木永处幼态，即在幼态中繁殖，在繁殖中保幼，是解决好育苗质量的根本保证。

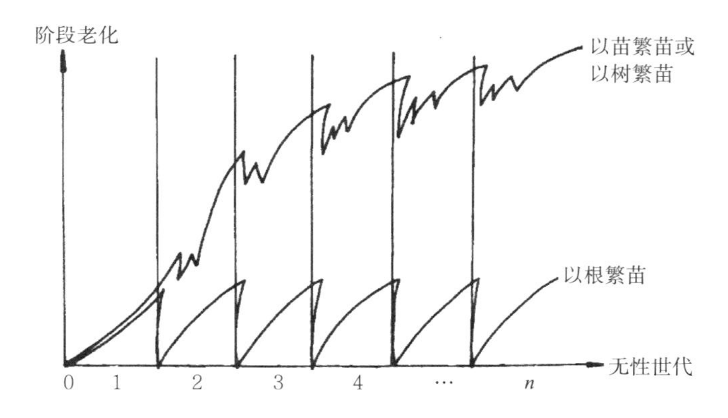

图 5-10 以根繁苗和以苗繁苗（或以树繁苗）在阶段老化上差别示意图

注：以根繁苗，每代从根开始，阶段解除；以苗繁苗或以树繁苗，每代从上代发育阶段上继续发育，无阶段解除机会，导致逐代衰老。

四、无性系林业是人工林发展的新阶段

无性繁殖作为树木繁殖的一种方式，被人们接受与应用已经有好几个世纪了。然而将无性繁殖用于林木改良上，实现无性系育种和无性系造林，都是20世纪70年代以来才日益重视的事，在联合国粮食及农业组织支持下于1973年、1977年、1981年分别召开了3次大型国际会议，专门讨论树木无性繁殖的方法、进展、问题与遗传应用等问题。这么频繁的活动说明各国对树木无性繁殖的兴趣和关切不是偶然的，归结起来有2个主要原因：第一，想从无性繁殖和无性改良中，打开一条林木良种生产的出路。第二，在林木改良和良种生产中，无性繁殖有着越来越重要的地位和作用，这是一个潜力很大的领域。

1990年，朱之悌在前期工作基础上，提出了无性系林业是林业发展新阶段，该论断收录于《中国农业年鉴》。无性繁殖用于树木改良，实现林木无性系育种和无性系造林，使林业由传统的播种造林发展为无性系造林，传统的种子林业转化为现代的无性系林业，开辟了林业发展史上的无性系林业新阶段。

林业无性繁殖是直接从优良种源种、优良林分中选择优良单株，然后用优良单株上的种子实生苗、根萌条等无性繁殖材料，通过嫁接、扦插、组织培养等方式，繁殖成无性系，通过遗传性测定将其中性状的确优良的多个无性系，组成多系群体苗木直接造林。朱之悌从多年林业实践经验中

提出，扦插能够大规模地繁殖，简单易行，效高价廉，是无性繁殖中的主要形式；嫁接可以作为成年材料的初繁手段；组织培养在不同的树种常有不同的问题，再加上成本和设备上的限制，妨碍了它的推广。

在无性系育种中，选育杂种无性系造林是无性系改良的努力方向。选育杂种F_1代优良个体进行无性系造林，可以将无性系改良的增益发挥到最高水平。这是既利用了无性繁殖的特长（非加性效应的利用），又使杂种优势得到长期利用而基因型不分离的两全之策。从树种、种源、单株中去选优固然是重要的，但这种增益被证明为数有限；若要想获得更大的增益，还是要从一般配合力的积累（加性效应）和特殊配合力的创造（非加性效应）这两个方面下功夫不可。即在无性系改良时，不是挑一棵树就去繁殖，而是先要通过选育制种；也不是挑一对雌雄树就去杂交，而是先要通过一般配合力测定，这样才能从一般配合力最高的组合中，去筛选特殊配合力最高的原株，再投入无性繁殖和无性系造林，这是一个被证明十分有效的好办法。这种无性系造林的做法，既有有性制种，又有无性利用。

我国林木育种自20世纪80年代以来，由于林业部科技司组织各方面的人力协作攻关，取得显著的成就。无性繁殖较易的平原阔叶树种，如杨树、柳树、白榆、刺槐、泡桐等都采用无性系育种的战略，取得十分明显的成就，一般遗传增益都在30%~50%及以上。其中尤以那些用种间杂交或回交制种的树种，杂种优势更高，如毛白杨、欧美杨、美洲黑杨、柳树等杂种无性系，其增益都超过50%，有的达到增产一倍以上。

五、低成本高效繁殖技术决定无性系育种成败

综上所述，要充分利用树木的杂种优势，只有通过无性繁殖的方法才能实现。但杂交得到杂种苗仅仅是其无性系育种工作的第一步，杂种只有无性系化，才能进行无性系苗期选择；从而选择出苗期性状优良的无性系，用于造林试验；最终选择出性状优良的品种。所以，对其进行无性繁殖技术研究是育种的关键步骤，关系到其无性系育种的进程和成败。

在实践中，通常有很多技术在实验室或温室中是成功的，然而，真正在大规模生产中应用的却寥寥无几，其中重要因素是工序繁多、复杂、成本较高。因此，朱之悌在所有繁育技术研究中，哪怕是在最初研究阶段的探索中，都十分注重简化操作流程、控制成本。

20世纪90年代，植物组织培养作为一种繁殖方法在国外已有广泛的应用，并获得了明显的经济效益，然而当时在我国主要局限于室内研究，很

少用于批量生产。其原因一方面是由于投资较大，另一方面是工序复杂。传统的组培生根方法是将分化培养基上增殖所得到的无根嫩枝切下，而后转移到生根培养基上，待根发育健壮时把苗从瓶中取出进行炼苗，而后移栽。这样需要大量的设备和人力。因此，传统的组培生根程序成为大量生产的严重障碍。1988年，朱之悌带领团队进行了毛白杨组织培养育苗程序的简化。将组培苗茎段在培养室外进行直接扦插和嫁接，其成本仅是传统培养方法所需经费的1/10。

1994年，毛白杨硬枝扦插在温室中取得很好效果，但该繁殖技术仍有许多不足，在没有温室的情况下，虽可以用塑料拱棚来代替，但工序较多，如需要准备插壤、消毒、装杯、炼苗和移栽等一系列程序，才能育出苗木。整个育苗过程比较烦琐，费工、费料。为减少这些工序，便于生产推广和应用，朱之悌带领团队又进行了大田硬枝扦插试验，取得较好结果。然而，硬枝扦插繁殖既有优点也有缺点，优点是当年可成苗出圃，苗高2~3m，地径1~2cm；缺点是繁殖的数量和速度受种条多少的限制，插穗长，用量大，繁殖时期短，受季节限制。而这些不足正是嫩枝扦插繁殖的优点，即节约插穗，繁殖时期长，繁殖数量大，速度快。因此，朱之悌又继续进行了双杂种的嫩枝扦插繁殖研究，希望进一步完善与配套毛白杨优良无性系的扩繁及繁殖体系。

正是这种始终以产业化为研究目标，孜孜不倦地进行低成本的高效繁殖技术的探索，才最终形成可以真正用于大规模生产的“毛白杨多圃配套系列育苗技术”。多圃配套系列育苗的核心是根繁圃与采穗圃，是1986年根繁育苗鉴定（幼化繁殖）时发展起来的，而后又增加了砧木圃与繁殖圃，最终发展成为4苗圃配套连续育苗技术。该技术在河北威县苗圃、晋县苗圃、陕西大荔苗圃、北京复兴苗圃试验，都获得成功。1994年春天，“毛白杨多圃配套系列育苗技术的研究”完成了林业部成果鉴定，该成果于1996年获林业部科技进步奖二等奖，1997年获国家科技进步奖二等奖。

即便毛白杨繁殖技术已经获得国家奖，朱之悌对低成本的高效繁殖技术的追求并未停止，直至晚年。在他的个人年度总结录音资料中，他曾提道：“2002年大事之六是兖州搞了3000亩免耕法育苗。每个新基地，开始都是工程育苗，之后马上接着就是免耕法育苗，即用我的技术不耕也出圃，不插也出苗。即第一年春将去年育的苗子，起苗后，利用仍存留在地里的根，直接萌发新苗。所以第二年的苗圃就不用插条了，直接用根萌法产生苗木。就是由根繁苗直接变成一年生苗。明年（2003年）在高唐的

图 5-11 朱之悌在太阳纸业为助手和“纸浆兵”讲解育苗技术改革方案

5000亩，在常德的5000亩都用免耕法育苗成根繁苗，这是一种新的做法。经济效益非常高，育苗质量也非常好”“在2003非典期间（4月21日—6月21日），关在兖州不是出不去吗，我就写了两个重要的文本。一篇是育苗改革的方案，今后从裸根苗变成容器苗，从嫁接苗变成扦插苗，把育苗技术加以改进。然后将这项技术在兖州、高唐、常德进行培训。这些都是我今后有关产业化培训里面的重要内容”（图5-11）。

朱之悌在生命的最后两年里仍然关注着进一步增加毛白杨繁殖技术的繁殖效率以降低成本，深刻地阐释了“低成本的高效繁殖技术决定无性系育种的进程和成败”这一学术思想，生动践行了这种永无止境的学术追求。

第三节

毛白杨良种无性繁殖与应用实践

一、借鉴组培技术提高毛白杨育苗繁殖系数

组培快繁技术通过对起始外植体的初始培养、继代培养、分化培养、生根培养的巧妙组合，形成了繁殖的连续流程，从而实现繁殖系数的剧增。如果按组培思路去改造苗圃，将它们配套衔接，连续育苗，就可把苗圃改造成变相的大田组培室。

（1）把毛白杨接芽看作外植体，把它嫁接在砧木上，正如组培中把外植体接种到人工培养基上。

（2）把砧木看作培养基，把毛白杨接穗（芽），嫁接到砧木上使之接芽愈合、膨大，从砧木中吸取营养，用于抽梢发芽，正如组培中外植体接种在人工培养基上生长发育。

（3）把在砧木上嫁接愈合了的接芽连同一段砧木剪成的插条（一条鞭），扦插在繁殖圃中使砧木生根、接芽抽茎，长成具有根茎叶完整的独立植株，正如组培中的幼茎切段，接种在生根培养基上生根，最后也成为一株完整的独立植株，两者之间有相似之处。

（4）把毛白杨原种材料建成采穗圃，然后一年又一年地对采穗圃平茬，使之丛生，然后切取接穗，像割韭菜一样，获得一批又一批原种材料，正如组培中的外植体经初始培养后，剪成一段一段进行继代培养那样，获得初步扩繁。

（5）每年对采穗圃贴地平茬，或挖根促萌，做成专门性的根繁圃，以获得更多幼化了的萌芽，成为芽丛。正如组培中幼茎（微枝）切段在分化培养基上分化出一丛增殖的幼茎，使初繁材料获得进一步的分化扩繁，从而使繁殖系数大增。

这样一来，经过移植改造的大田多圃配套苗圃，实际上是组培室在大田应用的翻版。这里外植体与培养基被接芽与砧木圃代替，继代培养被采穗圃代

替，分化培养被根繁圃代替，生根培养被繁殖圃代替，整个组培流程就被各司其职的多圃代替。组培思路应用于大田育苗之中，苗圃就被改造为落实在地上的组培实验室。依赖实验室与设备的复杂组培流程，在苗圃中虽看不到其精巧装备，但仍可觉察出其组培思路。所以寓组培思路于常规育苗之中，在多圃配套系列育苗与组培育苗各环节之间，有很大的模拟性与相似性（表5-1）。

表 5-1　组培扩繁流程与大田多圃育苗间的可模拟性与相似性

技术名称	流程					
组培扩繁	外植体	培养基	接种	继代培养	分化培养	生根培养
多圃大田育苗	接芽	砧木圃	芽接	采穗圃	根繁圃	繁殖圃

二、利用免耕法育苗降低毛白杨育苗成本

毛白杨扦插难于生根，但根萌力却极强，这一特性构成了毛白杨无性繁殖上的一个突破口。对毛白杨无性繁殖问题，我国早有留根繁殖的做法。第一年从苗圃地挖取带根的毛白杨小苗，以用于扩繁。第二年又从原处再挖取带根的小苗。如此周而复始，取之不尽，用之不竭。这种偷懒的办法，固然可以达到扩繁的目的，然而，根萌苗因其出苗集中的程度不同，营养空间不同，苗木高低大小和粗细不一，很难达到商品苗一致性和批量性的要求。如果用这种办法用于免耕法育苗，势必要克服上述的缺点，走商品苗标准化和规模化的道路。

通过开沟松土，苗木出圃后，早春用2~3齿铁耙沿株梗疏土成沟，使原来培土的土梗株行变成无苗的沟行，露根促萌，使新萌苗仍然整齐成行。4月底，通过剪去过密、过小、过大、过歪的根萌苗，留下大小、疏密、高矮相对一致的根萌苗。如此循环，可通过免耕法育苗维持出圃率与苗木质量不变。虽然这一方法免耕2~3年后必须从头开始扦插，但依然大大降低了育苗的人力、物力成本。

三、多圃配套实现毛白杨良种大规模无性繁殖

虽然在生产实践中积累了众多毛白杨无性繁殖技术，但全部无法同时解决苗木质量、繁殖系数、生产成本三大难题，严重限制了它们的大规模推广应用。毛白杨育苗技术通过根萌苗取条，以根繁苗永保幼化防止衰老，保障了苗木质量。将组培思路用于大田，用多圃配套代替组培分步培养流程，连续育苗，保障了育苗繁殖系数。利用毛白杨根萌力旺盛，利用免耕法育苗，显著降

低新技术育苗成本。

多圃配套系列育苗技术是参照组培分步培养思路，将整个育苗过程分解为若干环节（小圃），一个环节解决一个问题，许多环节（多圃）联合起来，使之配套衔接，连续发展，分步成苗，从而使繁殖系数剧增。从1个原株出发，3年扩繁至100万株，这种繁殖系数是常规技术无法实现的。当第一次育苗成功之后，利用毛白杨旺盛的根萌能力走免耕法之路，使成本降低，在2~3年内无须重新育苗，而且质量与数量都可获得保证。

四、毛白杨多圃配套系列育苗技术效果显著

多圃配套系列育苗技术提出后，毛白杨育苗难题迅速获得缓解。1994年春天，林业部通过“毛白杨多圃配套系列育苗技术的研究”成果鉴定，该成果于1996年获林业部科技进步奖二等奖，1997年获国家科技进步奖二等奖。1993—1995年，多圃配套系列育苗技术曾多次在中央人民广播电台宣传报道。

在多圃技术鉴定之后，由于市场需要，毛白杨多圃繁殖技术在全国迅速推广，加上林业部科技司和国家科学技术委员会很快将这技术先后多年列入林业部和国家科学技术委员会重点科技成果推广项目在全国推广。推广10年（1990—2000年）后，这项育苗技术在全国已形成规模，出圃的毛白杨苗木每年都在3000万株以上。

此外，朱之悌及团队还受林业部和河北、山东、陕西省林业厅以及北京市林业局的委托，在河北石家庄、晋州，山东冠县、烟台，陕西大荔，北京天竺等地举办全国或北京市毛白杨良种繁育培训班，负责多圃配套系列育苗的培训任务。除了课堂讲授之外，学员还参加嫁接技术实习、技术讨论，反复领会多圃育苗法的理论与技术。参加培训班的学员培训之后，多数均能独立主持育苗，有的从此有了一技之长，成为育苗大户而致富；有的使整个苗圃得到复兴，成为名副其实的复兴苗圃（图5-12）；有的甚至整个县（如河北省威县），仅毛白杨百亩之上的育苗大户就有20余家，每年每户的收入都在数十万元以上。他们的毛白杨种条从西藏到甘肃直到山东沿海，几乎行销全国各地，使这历来一直以粮棉为主的农业大县，转变为粮食、棉花、林木种苗多种经营的大县，改变了产业结构，拓宽了就业机会，增加了农民收入。

综上所述，良种繁育是个多学科技术密集型产业，从造林、苗圃学角度来看，如何育苗，自有其传统的、标准的方法。但若从遗传育种学来看，从树木个体发育周期、幼化理论、繁殖系数以及从良种种性等方面来看，如何做才是科学育苗，也自有一套育苗的标准和方法。多圃配套系列育苗技术的提出，正

图 5-12 1992 年 8 月，朱之悌与夫人林惠斌在北京复兴苗圃基地

是从上述遗传育种、良种繁育方面来研究与回答科学育苗的标准与方法的。朱之悌的研究生求学经历、早期研究经验、林木遗传育种学科背景等都为其突破传统的造林育苗学栽培技术的桎梏，创造性地从林木遗传育种学和生物组培技术的角度，提出毛白杨多圃配套系列育苗技术，圆满地解决良种繁育中苗木质量与数量问题奠定了基础。

正是理论与方法的局限，新中国成立40年里，毛白杨育苗主要问题一方面在于以苗繁苗的繁殖方式的缺陷，导致毛白杨苗木质量不佳，成熟效应（老化）、位置效应（斜长）等影响不能消除，苗木日趋衰老。另一方面是繁殖系数不高，满足不了市场需要，缺口甚大，导致苗价居高不下。朱之悌倾其一生，直至生命最后始终在孜孜不倦地追求着解决毛白杨良种繁育中的质量、数量与成本问题。质量问题依赖树木个体发育的阶段性规律和幼化理论加以解决；数量问题依赖创造性地将组培技术及其思路应用于多圃配套系列育苗技术得以解决；质量与数量问题解决过程中的育苗成本问题，根据毛白杨根萌力强的特点，将育苗多圃之间彼此功能互换或转化，采取免耕法育苗加以解决。

虽然朱之悌关于林木幼化与良种繁育学的研究大部分局限于毛白杨上，但他在此过程中将林木遗传育种学与良种繁育学相结合提出科学育苗技术的研究方法，对所有树种良种化推进都具有重要的实践指导意义。他关于良种繁育是实现林木良种化的关键路径、林木幼化是良种繁育成功的关键、无性系林业是林业发展的新阶段、低成本的高效繁殖技术决定了无性系育种的进程和成败等学术思想与前瞻性行业发展趋势判断，为推动我国林木良种化进程，实现国家林业高质量可持续发展，改善生态环境、维护国土生态安全和促进经济社会发展提供了宝贵的智慧与精神财富。

参考文献

段安安, 朱之悌. 白杨新杂种: 毛新×银灰硬枝扦插繁殖技术的研究[J]. 北京林业大学学报, 1997(1): 39-45.

段安安, 朱之悌. 白杨新杂种: 毛新×银灰嫩枝扦插繁殖技术的研究[J]. 西南林学院学报. 1997(4): 1-8.

高金润, 朱之悌, 高克姝. 毛白杨组培茎段扦插的研究[J]. 北京林业大学学报, 1988(4): 80-84.

建勇, 彩虹, 文学. 炮捻嫁接三毛杨好[J]. 中国林业, 1998(1): 38.

李英端, 商立志. 毛白杨基灌法埋条育苗新技术可广泛推广[J]. 河北林业科技, 1986(4): 26-28.

李云辉. 三倍体毛白杨嫁接试验[J]. 中国林业, 2011(16): 46.

刘洪庆, 朱之悌. 毛白杨良种繁育技术的研究[J]. 内蒙古林学院学报, 1998(2): 7-12.

裴保华, 王世绩. 提高毛白杨插条成活率的研究[J]. 中国林业科学, 1977(2): 37-42.

王全元. 毛白杨"接炮捻"育苗生长规律调查初报[J]. 河北林业科技, 1982(3): 17-19.

王世绩, 裴保华. 用萘乙酸促进毛白杨插条生根[J]. 植物杂志, 1977(4): 13-14.

鄢陵县马栏公社苗圈. 毛白杨"接炮捻"育苗技术[J]. 河南农林科技, 1979(3): 24.

杨镇, 葛进果. 毛白杨基部灌溉法埋条育苗试验[J]. 河北林业科技, 1985(2): 5-8.

张北县林场引种组. 杨树嫩枝育苗试验成功[J]. 林业实用技术, 1968(9): 15-16.

张继华, 李玉芳, 李福民, 等. 毛白杨侧方灌溉埋条法[J]. 北京农业科学, 1987(2): 15-16.

郑均宝, 裴保华, 耿桂荣. 毛白杨插穗生根的研究[J]. 东北林业大学学报, 1988(6): 34-41.

郑均宝, 裴保华. 毛白杨硬枝扦插容器育苗[J]. 河北林学院学报, 1986(0): 1-8.

郑均宝, 裴保华. 毛白杨硬枝扦插容器育苗[J]. 林业科技开发, 1987(4): 8-9.

朱之悌, 盛莹萍. 论树木的老化: 幼年性、成年性、相互关系及其利用[J]. 北京林业大学学报, 1992(S3): 92-104.

朱之悌. 核桃嫁接成活的影响因子[J]. 园艺学报, 1962(2): 109-116.

朱之悌. 林木无性繁殖[M]. 北京: 农业出版社, 1990: 162-163.

朱之悌. 毛白杨多圃配套系列育苗新技术研究[J]. 北京林业大学学报, 2002, 24(S1): 4-44.
朱之悌. 树木的无性繁殖与无性系育种[J]. 林业科学, 1986(3): 280-290.
朱之悌. 树木良种化的概念及其实现的程序和途径[J]. 湖南林业科技, 1978(1): 27-37.
FORTANIER E J, JONKERS H. Juvenility and maturity of plants as juvenility influenced by their ontogenetical and physiological ageing[J]. Acta Hort., 1976(56): 37-44.
HARTNEY V J. Vegetative Propagation of the eucalyptus[J]. Australia For. Res., 1980(10): 191-211
KLEINSCHMIT J. Considerations regarding breeding programs with Norway spruce[C]. Proceedings Joint IUFRO Meeting. S.02.04 1-3 Stockholm, Session, 1974(2): 41-58.
KOZLOWSKI T T. Maturation or phase change[J]. Physiological Ecology, 1971(1): 94-116.
MATHESON A C, ELDRIDGE K G. Cuttings from young seedlings-a new approach for pine radiata: Proceeding of IUFRO joint meeting about breeding strategies[Z]. Sensenstein, 1982.
SCHIER G A, CAMPBELL R B. Differences among populus species in ability to form adventitious shoots and roots[J]. Can. J. For. Res., 1976(6): 253-261.

第六章

殚精竭虑，久久为功：三倍体毛白杨良种产业化学术思想

林木良种是产业化的前提和物质基础。产业化是林木良种价值的重要实现途径之一。产业化学术思想对林木良种产业化实践具有统揽全局的重要指导意义。朱之悌围绕国家对纸浆材原料的重大战略需求，在分析以草制浆对生态环境的危害、国际纸浆林产业化经营模式和特点、我国林业产业政策及纸浆林新品种选育研究现状的基础上，结合三倍体毛白杨的生物学特性，提出了“南桉北毛，黄河纸业”的林浆纸一体化的产业化构想。他指出，三倍体毛白杨纸浆材新品种产业化技术研究空白以及林纸企业缺乏纸浆林基地建设和经营管理的技术力量，是制约三倍体毛白杨纸浆林基地建设与可持续发展的两个限制因素。他提出了纸浆林基地建设、产业化技术研究和技术队伍培养要同时并行的应对策略。一方面通过直接给时任总理写信，汇报三倍体毛白杨产业化进展，阐明三倍体毛白杨林浆纸产业化技术研究的重要意义，争取专项经费支持。另一方面，加强与林纸企业合作，通过倡导实施工程育苗方式；建立纸浆林研究所，培养“纸浆兵”；成立“百万吨三倍体毛白杨纸浆原料林产业化集团协作组”；实施育苗体制和育苗技术改革等措施，解决了因技术力量缺乏而导致纸浆林基地建设进展缓慢的难题，使“南桉北毛，黄河纸业”的林浆纸一体化构想变为现实。

林木良种选育的目标是通过选择优良基因型，提高有利基因的频率，改变林木群体结构，提高林木群体的遗传水平，选育木材产量高、材质好、抗逆性强等特性或具有特种效能，如耐盐碱、抗风、抗雪害、耐干旱、观赏美化价值高的林木优良品种。林木品种经过区域化栽培试验，报送国家林木良种审定委员会审定通过后即可成为林木良种。因此，林木良种是在一定的区域内，其产量、适应性、抗性等方面明显优于当前主栽品

图 6-1　2004 年 3 月，朱之悌在山东太阳纸业建立的纸浆林研究中心

种的繁殖材料，是林业产业化的前提和物质基础。任何林木良种成功选育后，必将应用于生产实践，否则就是“水中月，镜中花”，三倍体毛白杨亦不例外。在三倍体毛白杨选育成功之后，朱之悌开始竭尽全力推动新品种产业化（图6-1）。

第一节

三倍体毛白杨良种产业化的研究背景

与林业发达国家相比，我国林木良种选育与开发的研究相对落后，除了与林业产业化意识淡薄有关外，落后的科研体制和运行机制也是限制因素之一。国外林业发达国家的森工企业为降低原料生产成本，追求投资的高回报率，直接投资参与新品种的研制。当新品种选育成功后，即可直接应用于林业生产实践，转化为高效的生产力。早在20世纪90年代，西方许多国家林业生产的良种化程度就已达到80%以上。而我国当时的林木良种选育研究，由于缺乏市场的导向和驱动，林业企业基本不参与新品种的研发，导致林木良种选育与林业生产严重脱节，后劲不足；林木良种的推广开发亦因缺乏与市场的直接联系，致使20世纪90年代早期我国林业生产的良种化程度平均不到20%。

国外森林资源丰富且人口稀少的澳大利亚、加拿大、瑞典、新西兰以及美国等国家，造纸技术发达，常常选择生长相对缓慢的松杉类树种，如辐射松（*Pinus radiata*）、欧洲赤松（*Pinus sylvestris*）、欧洲云杉（*Picea abies*）、火炬松（*Pinus taeda*）、花旗松（*Pseudotsuga menziesii*）等树种作为纸浆林基地营建树种。针叶树具有木纤维长，制备的纸张具有强度大、韧性好等特点，是高质量纸制品制造的重要原料。为了提高目标树种人工林的产量，美国、澳大利亚等国家通过成立全国性的育种协作组，采用选优、遗传测定、轮回选择、营建初级种子园、去劣疏伐种子园、第二代种子园、第三代种子园等技术，对目标树种进行遗传改良，实现产量性状基因的逐步聚合，选育速生、丰产、材质优良的纸浆材新品种。美国西海湾协作组利用第一代种子园种子营建的20年生林分，材积增益为7.6%~12.9%；去劣疏伐种子园为12.8%~17.9%；1.5代种子园为17.1%~22.5%。新西兰利用改良材料营建的辐射松人工林已达50万hm^2，占该国人工林总面积的1/2，产量获得极大提高。对于部分易于无性繁殖的针叶树种，亦可选用表现突出的单株进行利用，将会获得更大的遗传增益。

如芬兰种植的欧洲云杉无性系V383，20年生时木材产量高达380m^3/hm^2。

除了针叶树种以外，美国、加拿大、瑞典、澳大利亚以及巴西等林业发达国家还选用少量阔叶树种作为纸浆林基地营建的主栽树种。如美国、加拿大以及瑞典选择美洲山杨、欧洲山杨及其杂种为纸浆林建设树种；澳大利亚、巴西等国则选择以四季常绿、生长量大的桉树（*Eucalyptus* spp.）为纸浆林建设树种。对于这些相对容易无性繁殖的阔叶树种，往往通过不同种间或种内个体间杂交，以期获得目标性状表现优良的单株，然后通过扦插或组织培养等无性繁殖技术，获得无性系分株，进而通过田间遗传测定，筛选速生、优质、高效的纸浆林品种，走无性系育种之路获得最大遗传增益的新品种。然后通过大规模的区域化栽培试验，确定品种的适宜推广范围。配套优化的栽培密度、水肥管理以及抚育管理技术措施，通过集约化定向培育获得高产优质纸浆工业原料。

对于天然林资源丰富的国家来说，选择材质优良、生长速度相对缓慢的针叶树种，利用遗传改良技术对其进行改造，获得遗传增益高的纸浆材品种，营建人工林，建立纸浆林基地以解决造纸原料问题是可行的。但对于天然林资源匮乏的我国来说，需要在短时间内生产出大量木质造纸原料，解决造纸原料严重不足的问题，选择生长相对缓慢的针叶树种作为纸浆林造林树种则缺乏可行性。20世纪末期，随着造纸机械和造纸技术的发展，在针叶树长纤维木浆中混合一定比例阔叶树短纤维木浆，或单独利用短纤维木浆制造高质纸张成为可能。因此，选育生长速度快、适应强的阔叶树纸浆材新品种，开展大规模人工造林，可能是解决我国造纸原料短缺的有效途径。

桉树是桃金娘科桉树属树种的统称，共有495种、亚种和变种，绝大多数原产于澳大利亚，少部分生长于邻近的新几内亚岛、印度尼西亚以及菲律宾群岛。1890年，桉树被引入我国，已历经百余年的适应性检验，现已广泛分布于我国南方的广东、广西、福建、云南、四川、江西以及湖南等省（自治区、直辖市），是我国南方纸浆林基地建设的首选树种。自20世纪70年代开始，由国家林业局桉树研究开发中心和中国林业科学研究院作为牵头单位，以国家科技攻关课题为支撑，系统地开展了桉树引种驯化、种质资源收集与保存、种源试验、抗寒种质选择、杂交育种、高世代育种群体构建等协作研究，选育出一大批生产上广泛运用的尾巨桉、尾细桉、巨赤桉、巨细桉、柳窿桉无性系。“十五”期间，国家林业局桉树研究开发中心和中国林业科学研究院热带林业研究所等单位累计开展了546个组合的种间、种内杂交育种，在广东、广西建立了5片杂交子代测定林，经田间试验测定后，从中选出年均蓄积生长量大于30m^3/hm^2的优良杂种家系10个。其中，4年生时最优杂交组合家系年均蓄积生长量达60m^3/hm^2以上。目前，我国南方各省（自治区、直辖市）的林业生产单位利用改良的桉树无性系营建了超过360万hm^2的桉树人工林，约占我国人工林总面积的6.5%，提供了近30%的木材消耗。

北美洲和欧洲用的美洲山杨与欧洲山杨都属于杨树种中的白杨派树种，是杨树中最适于造纸的树种，我国无其主要分布区，但我国北方有白杨派中另一树种——毛白杨，它比山杨材质更好，也更速生，是我国理想的造纸原料树种。然而这一树种前期生长缓慢，造林严重蹲苗，5~6年后才进入速生期，10多年后才能长成15~20cm胸径；其次这一树种难于无性繁殖，是规模化育苗的难题。不解决毛白杨这两大难题，尤其是缩短栽培周期的难题，毛白杨就不能选作造纸树种，不能充当造纸原料。

1983—1997年，朱之悌受国家科学技术委员会与林业部科技司委托，负责主持国家重点科技攻关项目，解决毛白杨短周期品种选育问题。经过15年坚持不懈的科技攻关，朱之悌和他的弟子们采用毛白杨细胞染色体部分替换和染色体加倍技术，将造成我国普通毛白杨生长缓慢（蹲苗）和树叶早落的致病基因（染色体）加以替换，然后再加进去一个染色体组（19条染色体），将传统38条染色体的二倍体老毛白杨，改造为57条染色体的三倍体毛白杨，实现了毛白杨染色体遗传组成的质量和数量的改造，最终诞生了一个自然界不曾存在的人工杂交三倍体毛白杨新品种。三倍体毛白杨新品种具有发叶早、落叶晚、生长迅速、材质优良、抗病能力强等特点，是我国北方短周期纸浆原料林培育的首选品种。

早期毛白杨优良无性系主要采用埋条、嫁接、留根繁殖等方法进行繁殖。但这些方面存在两方面问题有待解决：一是繁殖系数低，不适合于规模化繁殖；二是以苗繁苗，积累苗木成熟效应和位置效应，苗木质量差。针对上述问题，朱之悌在毛白杨“八五”科技攻关时，将毛白杨育苗技术研究列入了“毛白杨短周期工业用材新品种选育”专题。该专题围绕提高毛白杨繁殖效率和苗木质量的攻关目标，在研究树木的老化、幼年性、成年性、相互关系及其在育苗上的利用，树木幼化的理论及幼化途径等基本理论的基础上，将组织培养育苗思路应用于大田育苗，利用白杨根萌能力强的特点，探索免耕法育苗以降低育苗成本，成功研制出“毛白杨多圃配套系列育苗技术”，使1株毛白杨3年可繁殖100万株苗木。不但解决了毛白杨繁殖材料的幼化问题，提高了苗木质量，还显著提高苗木繁殖效率，为三倍体毛白杨新品种的产业化奠定了坚实的技术基础。

国外的纸浆林基地大都由造纸企业自主建设，实施自主经营、自负盈亏的管理方式。因此，林纸企业需要建设自有的科学研究机构，为纸浆林苗木培育、纸浆林营建、病虫害防治、抚育管理以及经营提供技术支撑；林纸企业亦需要有自有育苗基地、纸浆林生产基地，还需要有一支技术水平过硬的专业队伍以支撑基地的可持续经营。纸浆林达到成熟期后，由企业采伐，运输至制浆车间进行加工，制备成成品纸浆，再运输至造纸车间，制成成品纸张进行销售。例如，美国国际纸业公司是当时世界上最大的纸业和林产品公司之一，建设有376万hm^2的纸浆林基地，13个大型苗圃和21个种子园，年产优质火炬松等苗木达3亿株。巴西的沃托兰廷集团在圣保罗州及其周边地区建立了大规模的桉树纸浆林基地，其每年的木材采伐量可生产140万t纸浆和60万t纸张。这种经营模式将纸浆林苗木生产、林分营建、抚育管理、收获以及制浆、造纸等紧密结合于一体，形成完整的产业链。由此可见，国外林纸产业化的发展之路实际上就是以企业为主体的林浆纸一体化模式。

2001年3月，国家计划委员会、财政部和国家林业局联合起草的《关于加快造纸工业原料林基地建设的若干意见》获得国务院批准，并印发各省、自治区、直辖市以及国务院各管理部门执行。该意见的实施，打破了过去用材不造林、林纸分离的管理体制，为我国造纸工业创造了林浆纸一体化发展的新机制，也从根本上扭转了我国造纸工业原料结构极不合理的局面。为鼓励和支持企业建设造纸林基地，确保纸浆林基地的健康发展，国家在加强统筹规划布局的同时，还在资金、政策性贷款、财政贴息和税收等方面给予适当的支持。21世纪初期，印度尼西亚金光集团下属亚洲浆纸业有限公司借助我国林浆纸一体化改革的东风，与海南、云南等省签署合作协议，投资数十亿美元，以桉树及其杂种为纸浆材品种，于海南琼海以及云南思茅等地区建设桉树纸浆林基地，发展桉树纸浆林，仅云南思茅地区的纸浆林基地面积就达1065万亩。为实现桉树纸浆材的加工利用，亚洲浆纸业有限公司还计划在云南思茅配套建设一个年产120万t的纸浆厂和50万t造纸厂。2020年4月，山东太阳纸业股份有限公司亦宣布，拟在广西壮族自治区北海市投资建设350万t林浆纸一体化项目。这些大型造纸企业的积极参与，推动了我国南方桉树纸浆林基地建设的蓬勃发展。

第二节

三倍体毛白杨良种产业化学术思想

20世纪90年代以来，随着经济飞速发展，我国纸类品消耗量与日俱增。据不完全统计：1983年我国纸和纸板的消耗量为694.5万t；1991年上升为1522.1万t，居世界第四位；1995年增长至2600万t。如果以这个速率增长，预计到2000年以后，我国将成为世界第二大纸制品消耗国。这种快速增长的纸制品消耗量，基本依靠进口而得以维持。于是我国每年需从国外进口纸和纸制品，消耗大量的外汇资金。1993年，我国用于进口纸类的外汇资金达16亿美元；1994年为25亿美元；1996年48亿美元，呈现逐年递增的趋势。1998年，由于我国遭受特大洪水灾害，天然林禁伐，进口纸及木材耗费外汇资金猛增至117亿美元，折合人民币达970亿元，相当建设一个三峡工程的全部投资。这种惊人的外资耗费，实在令人无法忍受。鉴于此，国务院曾多次召集专家进行研究，设法摆脱这一重负，希望林业像钢铁、石油那样，花几年工夫，打一个漂亮的翻身仗，实现自力更生。然而谈何容易，因木材生产不像采矿、采油那样，有现成储备，只要向地下挖取就行。与矿藏和石油不一样，木材是光合作用的产物，有赖于连绵成片、长达数十年生长的大片森林。事实上，我国森林资源缺乏，2000年森林覆盖率仅有16.55%，约占世界平均水平31%的1/2，且分布不均匀，人均森林面积仅为世界的1/4；平均森林蓄积量仅为73m^3/hm^2，占世界平均水平的69%；人工林平均蓄积量为47m^3/hm^2，质量远低于林业发达国家日本的133.17m^3/hm^2和德国的266m^3/hm^2。

尽管我国1998年的纸类产品消耗量已达3269万t，仅次于美国，成为世界第二大纸制品消耗国。然而将它平均分摊在个人身上，仅26.5kg，占世界人均耗纸量53kg的一半。在这3269万t耗纸中，主要造纸原料不是木浆，木浆占比很小，不到20%，50%以上的成分是以稻秆、麦秆等非木浆造纸原料。这类非木浆原料加工容易，但造纸污水因受处理技术和成本限制而难以处理，只好排放到江河湖海之中，给生态环境造成巨大危害。另外，由于草浆厂以草为浆，取材容易，设备简陋，无须巨资即可上马，致使小型草浆厂在我国“星罗密布”。1990年，我国建设有草浆厂5360家，到1997年发展到2万余家。它们是我国造纸业的功臣，支撑了我国纸类品消耗的65%。若不是它们的存在，我国进口纸的外汇耗费必将更大。然而，它们却又是生态环境保护的罪人，处处设厂，95%的草浆厂规模在万吨以下，纸厂林立，污染严重，绿水青山都被排放的“黑液”糟蹋得难以解脱。因此，选择以木材为造纸原料，替代以草制浆是维持我国造纸业可持续发展的必然要求。

为了解决造纸原料难题，国务院管理部门曾出台过不少政策。20世纪50年代，我国造纸的政策是仿效采矿采油行业的，由地质部门探清矿藏找出原料，然后交由专门部门去开采。的确，石油工业部于20世纪60年代开采出了油；冶金部于20世纪70年代炼出了钢，20世纪90年代我国钢产量达亿吨以上。借鉴同种模式，造林造纸问题最先提出的是“林造林、纸造纸”策略，也就是由林业部造林拿出木材，交由轻工业部去造纸。然而由于树木生长缓慢，经营周期太长，苦等10~20年的轻工业部到头来还是没有原料，造纸成为“无米之炊”。20世纪80年代，国家改变了政策，鼓励林业部门直接造纸，不必把造纸利润这一大块“肥肉”分给轻工业部；轻工业部亦可直接投资造林，调动了两部门的积极性，放宽政策各奔前程。然而这种政策的调整也没有完全奏效。我国用纸量直线上升，造纸原料以草为主，木浆依赖进口的局面仍未改变。20世纪90年代，曾有专家建议去泰国、马来西亚等东南亚国家解决木浆生产问题，预备拿10亿美元去造林，这就是第三阶段的造洋林、出洋纸的阶段。众所周知，中国的土地、劳动力是世界上最为便宜的，在中国办不成的事去国外办或许更难，最后还是无果而终。这场林造林、林造纸、造洋林的故事，经历了半个世纪而未获成功。另一方面，我国纸浆的进口量仍然扶摇直上而不得扭转，数千亿元资金花在买纸上实在很不值得，国家亦不堪忍受这种负担。在此背景下，国务院领导批示：要把纸浆原料当作大事来抓，赶快抓紧自己的林业科技开发工作。这真是一针见血，指出了中国造纸原料问题的解决要从我国林业科研入手，选育纸浆林良种，建设纸浆林基地，走林浆纸一体化的自力更生之路。

三倍体毛白杨是通过对优良的乡土树种毛白杨施加遗传改良获得的，其遗传组成仍以毛白杨为主，因此其适生范围和生活习性与毛白杨并无太大差异，最适宜的种植区域为黄河中下游，面积达100万km^2。在黄河中下游的两岸，有大面积的滩地、荒地，土地资源丰富，而且光、温、水、土条件十分优越，可以用来大规模营建三倍体毛白杨短周期纸浆林。该地区还拥有另一得天独厚的优势，拥有数十家规模较大的造纸厂，稍经技术改造后，即可消化三倍体毛白杨木材。可以说，在黄河中下游，“发展三倍体毛白杨产业的天时、地利及人和均已具备，就只差用材林的营造”。基于这样的考虑，朱之悌在接受《商情周刊》访谈时，适时地提出了“南桉北毛、黄河纸业”的林浆纸一体化设想，即我国南方利用桉树造纸，而北方则采用三倍体毛白杨造纸，通过在黄河中下游两岸营建三倍体毛白杨纸浆林基地，走林纸结合的产业化道路，塑造我国“黄河纸业”龙头企业集团，促进区域经济和生态的良性发展。

自1993年三倍体毛白杨诞生以来，朱之悌不遗余力地着手推广三倍体毛白杨新品种，企图早日实现产业化。1994—1997年，他先后与山西、河南、河北等省的林业厅签订了共建三倍体毛白杨纸浆原料林基地协议，希望借助于政府林业部门的行政力量推动三倍体毛白杨产业化。但在具体实施过程中，他发现政府主管部门制度要求限制多，很难在短时间内有突破性进展。当时正值以美国国际纸业等大型跨国公司林浆纸一体化蓬勃发展时期，朱之悌认识到林浆纸一体化不仅仅是一个资金的问题，国家政策导向与龙头企业带动的共同作用可能更为重要。从1998年起，他开始与一些企业接触，说服企业直接参与建设纸浆林基地。2000年，山东兖州太阳、高唐泉林、东营华泰、菏泽成武，山西襄汾，河南武陟、焦作、孟州等造纸企业都已正式启动了三倍体毛白杨纸浆原料林和木浆技改的工程，积极参与到三倍体毛白杨纸浆林基地建设中，掀起了造纸企业营造三倍体毛白杨纸浆工业原料林的热潮。至此，“黄河纸业”构想开始初现端倪。

“笃行”是为学的最后阶段，既然学有所得，就要努力践履所学，使所学最终有所落实，做到“知行合一”。“笃”有忠贞不渝，踏踏实实，一心一意，坚持不懈之意。只有拥有明确的目标、坚定意志的人，才能真正做到“笃行”，“非弘不能胜其重，非毅无以致其远”。而“久久为功”意思是要持之以恒，锲而不舍，驰而不息。因此，“弘毅笃行，久久为功”正是朱之悌选育三倍体毛白杨纸浆材新品种，致力于推动其产业化，解决我国造纸木材短缺的真实写照，亦是三倍体毛白杨产业化学术思想的高度凝练和总结概括。

第三节

三倍体毛白杨良种产业化实践

21世纪初期，我国建立自己的纸浆林基地，发展纸浆林，走林浆纸一体化道路，解决造纸原料短缺还是一个新问题，没有现成的经验可循，需要林纸企业在实践中探索，摸着石头过河。在这样的背景下，造纸企业要建设自己的三倍体毛白杨纸浆林基地，将面临诸多现实问题有待解决。其中最为突出的问题主要有两个：一是三倍体毛白杨纸浆材新品种的产业化技术还有待研究，如三倍体毛白杨主栽品种与辅助品种选择，三倍体毛白杨的栽培密度与采伐年龄，三倍体毛白杨纸浆林抚育管理技术措施，三倍体毛白杨保幼、防杂以及繁殖技术，三倍体毛白杨资源保存、拓展及育种技术等问题一直悬而未决。二是林纸企业缺乏纸浆林基地建设和经营管理的技术力量，制约了三倍体毛白杨纸浆林基地的建设与发展。正是由于上述困难的存在，致使朱之悌在指导林纸企业建设三倍体毛白杨纸浆林基地时采取了“两手抓，两手都要硬”的策略。一手抓三倍体毛白杨纸浆材新品种产业化技术的研发，一手抓纸浆林基地建设，同时并行。

1998年11月22日，时任国务院研究室副主任杨雍哲偕国务院政策研究室、林业部、河北省政府等部门的领导赴河北威县就三倍体毛白杨新品种进行调研，高度评价三倍体毛白杨的成功研究：“解决了长期以来我国北方林业尤其是工业用材林发展缺乏优良树种的难题，将大大加快我国北方造林绿化的步伐，给林业发展带来一个革命性的变化，具有重大的生态、经济和社会意义”。1999年1月5日，时任国务院研究室杨雍哲副主任根据在河北威县对三倍体毛白杨新品种的考察情况，撰写了《关于加速推广三倍体毛白杨的调查报告》上报国务院，提出了沿黄河两岸用三倍体毛白杨构建一条集绿化带、经济带、旅游带为一体的黄河绿色长廊的建议。1999年1月7日，时任国务院副总理温家宝就杨雍哲副主任“关于加速推广三倍体毛白杨的调查报告”作出批示（图6-2），指示国家林业局就有关问题提出意见。随后，国务院研究室以“送阅件”形式全文刊载《关于加速推

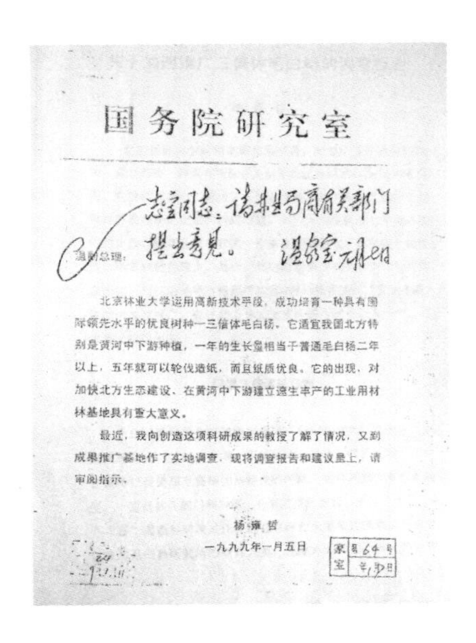
国务院研究室

志宝同志：请林业局商有关部门提出意见。温家宝

温副总理：

北京林业大学运用高新技术手段，成功培育一种具有国际领先水平的优良树种—三倍体毛白杨，它适宜我国北方特别是黄河中下游种植，一年的生长量相当于普通毛白杨二年以上，五年就可以轮伐造纸，而且纸质优良。它的出现，对加快北方生态建设、在黄河中下游建立速生丰产的工业用材林基地具有重大意义。

最近，我向创造这项科研成果的教授了解了情况，又到成果推广基地作了实地调查，现将调查报告和建议呈上，请审阅指示。

杨雍哲

一九九九年一月五日

图 6-2 1999 年，温家宝副总理就杨雍哲主任“关于加速推广三倍体毛白杨的调查报告”作出批示

广三倍体毛白杨的调查报告》及温家宝副总理的批示，分送党和国家领导人审阅，引起了国家林业主管部门的高度重视。1999年8月，国家林业局召开“黄河中下游沿岸绿色长廊工程建设规划”论证会，规划在黄河中下游从山西偏关至山东东营2000km沿岸黄河滩地，营造以三倍体毛白杨为主的工业原料林77.1万hm^2。1999年9月27日，国家林业局在北京召开三倍体毛白杨推广座谈会，会议由时任国家林业局副局长李育材主持，时任国家科技部副部长韩德乾，时任中国农业经济学会会长、国务院研究室副主任杨雍哲，时任中国农业银行副行长杨明生等40余人出席会议，一致认为三倍体毛白杨是林业在技术创新上的一大突破，应加强产学研的全面结合，推动三倍体毛白杨产业化有序、高效发展。

三倍体毛白杨新品种是在国家林业局支持下，经过15年科技攻关而成功选育的专化纸浆林新品种。该新品种具有生长速度快、纤维长、综纤维素含量高、木质素含量低、木材白度高等特点，已广泛种植于河北、河南、山东、山西以及陕西等地，获得了适生区林业部门和群众的高度认可。2000年，三倍体毛白杨新品种先后被山东兖州太阳纸业、山东高唐泉林纸业、山西襄汾纸业以及湖南洞庭白杨林纸等企业采纳，选作造纸原料品种，建立大规模育苗造林基地，从此开启了以企业为主体集约化经营的林浆纸一体化发展之路。

2001年3月，为了解决三倍体毛白杨纸浆原料林基地建设和产业化技

术研究经费不足问题，朱之悌通过时任国务院研究室副主任杨雍哲致信朱镕基总理，汇报了我国纸浆原料林建设现状以及三倍体毛白杨作为造纸原料品种的优越性，指出在三倍体毛白杨区划试验、栽培模式、防老复壮等产业化前期研究方面存在的问题，建议国家增加科研投入，为推进三倍体毛白杨产业化提供强有力的科技支持。2001年4月21日，朱镕基总理就朱之悌关于三倍体毛白杨纸浆材新品种的来信作了专门批示，指出“纸浆原料是个大问题，林业科研开发工作必须抓紧”，并对有关部委作了重要批示。朱镕基总理将三倍体毛白杨的研究开发与国家林纸产业发展的重大问题相联系，具有重大的推动意义。2001年6月，国家林业局根据朱镕基总理的批示，并对北京林业大学毛白杨研究所“关于加强三倍体毛白杨产业化前期研究”的申请进行详细审议，决定拨批750万元专项科研经费，用于三倍体毛白杨纸浆林产业化科研开发与技术推广研究。该专项基金分两批次拨付至北京林业大学，第一次批次400万元，第二批次350万元，解决了三倍体毛白杨产业化研究经费的不足问题。

纸浆林基地建设与传统林业生产的区别，主要体现在规模和经营管理的技术集约化程度方面。在解决三倍体毛白杨纸浆林产业化科研经费不足的问题后，针对林纸企业纸浆林基地建设和经营管理技术力量缺乏问题，朱之悌倡导并推行“工程育苗”方式；指导各林纸企业组建三倍体毛白杨纸浆林研究所；成立了“百万吨三倍体毛白杨纸浆原料林产业化集团协作组”；开展试验设计、土肥和病虫害防治专业技术培训等措施，以借助外部技术力量，快速完成林纸企业大规模纸浆林建设初期的苗木、纸浆林营建与经营管理等人才准备。

一、工程育苗，解决产业化规模育苗难题

企业营建纸浆林基地每年需要营造纸浆林数十万亩，规模巨大，需要繁育数千亩三倍体毛白杨苗木以满足纸浆林营建需求。在三倍体毛白杨纸浆林基地建设启动初期，山东太阳纸业、高唐泉林纸业、湖南洞庭白杨林纸等造纸企业并不具备相关林业技术人员。为保证规模化育苗的成功，朱之悌力排众议，倡导并推行了“工程育苗”方式（图6-3），即造纸企业与育苗的种条供应苗圃签订协议，由三倍体毛白杨种条供应方承包育苗工程，选派相关技术人员，具体负责三倍体毛白杨种条运输和储藏、土地耕作、扦插育苗、苗木管理、人力调度等工作。造纸企业则根据三倍体毛白杨种条质量、苗木成活率和质量支付费用等。在扦插育苗和苗木管理的过

图 6-3　山东太阳纸业三倍体毛白杨工程育苗启动会

程中，造纸企业选派若干苗圃主任，与种条供应方选派的技术人员结对配合，协助组织生产的同时，学习并初步掌握三倍体毛白杨育苗各个技术环节，完成企业育苗与“育人”的双重任务。2001—2002年，山东兖州太阳纸业、山东高唐泉林纸业、湖南洞庭白杨林纸等企业分别采用这种“工程育苗”方式，圆满完成了4000~5000亩的苗木生产任务，同时还培养了一大批育苗技术骨干，保证了三倍体毛白杨纸浆林基地建设初战告捷。

二、建所搭台，培养企业的“纸浆兵”队伍

任何产业革命的发生总是以科学进步为基础，以技术突破为先导的，而从根本上看，都是由人来推动的。纸浆林基地建设是一项宏大的系统工程，建设周期长，投资与技术密集，涉及面广泛，高素质的专业技术队伍在三倍体毛白杨产业化中具有举足轻重的作用。为保证三倍体毛白杨纸浆林基地的健康发展，自2001年起，朱之悌指导山东兖州太阳纸业、山东高唐泉林纸业、湖南洞庭白杨林纸3家企业成立了纸浆林研究所，并亲自兼任所长。朱之悌亲自或委派弟子从河北农业大学、山东农业大学、河南农业大学、西南林学院（现西南林业大学）以及浙江林学院（现浙江农林大学）等涉林高校的相关专业，通过收集简历、召开面试会等方式，招聘40余名大学本科和研究生毕业生，组建三倍体毛白杨纸浆林产业化的专业技

术队伍，朱之悌亲切地称之为“纸浆兵”（图6-4）。

根据朱之悌的规划部署，山东兖州太阳纸业、山东高唐泉林纸业、湖南洞庭白杨林纸3个企业的纸浆林研究所均下设有育种、种苗、造林、森保、土肥5个研究室。根据新招聘的大学生和研究生的专业特长和性格特点，分别安排其进入各林纸企业纸浆林研究所的各个研究室工作。由于新招聘的“纸浆兵”缺乏工作经验和纸浆林培育专业知识，并不能及时进入工作角色，经北京林业大学三倍体毛白杨纸浆林产业化课题组研究决定，聘请李振宇和陈华盛两位教授为主讲人，于2002年11月在北京林业大学举办了“三倍体毛白杨病虫害防治技术研讨班”，培训各协作组单位森保室的业务骨干（图6-5）。2003年10月，北京林业大学三倍体毛白杨纸浆

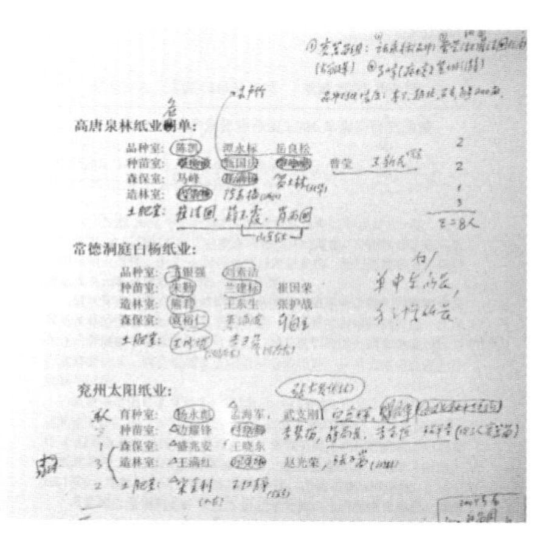
高唐泉林纸业名单：
品种室：
种苗室：
森保室：马峰
造林室：

常德洞庭白杨纸业：
品种室：
种苗室：崔国荣
造林室：王东生 张护战
森保室：

兖州太阳纸业：
育种室：武支明
种苗室：
森保室：王晓东
造林室：赵光荣

图6-4 朱之悌为企业招聘的“纸浆兵”名单

图6-5 2002年11月，“三倍体毛白杨病虫害防治技术研讨班”在北京林业大学开课

林产业化课题组又聘请续九如和孙向阳两名教授为主讲人，于山东兖州太阳纸业开展了为期10天的“三倍体毛白杨纸浆林田间试验设计与统计分析培训班”和“三倍体毛白杨纸浆林试验设计及土肥分析培训班”（图6-6）。通过专业知识培训、考察及参加科研活动等，“纸浆兵”们很快就适应了三倍体毛白杨产业化发展的要求，成长成为一支推动三倍体毛白杨纸浆林产业化的专业技术骨干，部分成员至今还活跃在林纸企业纸浆林基地建设的生产一线（图6-7）。

图 6-6　2003 年，三倍体毛白杨纸浆林试验设计及土肥分析培训班

图 6-7　2003 年春季，朱之悌与山东太阳纸业招聘的“纸浆兵”讨论三倍体毛白杨育苗问题

三、集团协作，促进相互交流取长补短

一般来说，林业生产均存在林木品种与环境的互作效应。这种品种与环境间的互作效应可显著影响人工林的产量和质量。因此，营建三倍体毛白杨纸浆林基地时，品种与环境的互作应该引起林纸企业的重视。另外，由于各林纸企业营建纸浆林的地理位置不同，其土壤肥力、酸碱度、地下水位以及气候因子等环境因素均存在明显差异，可能导致三倍体毛白杨纸浆林的营建技术、病虫害发生规律不同，所采用的经营管理技术以及病虫害防治技术措施亦有所差异。采用同一品种，在立地条件差异大的区域建立纸浆林基地，既存在一些共性的技术问题，又存在一些具有地域特点的个性化问题。为综合学校以及各个造纸企业的技术力量和资源优势，高效解决这些共性的技术问题，快速推进三倍体毛白杨纸浆林基地建设，北京林业大学以国家林业局专项课题“三倍体毛白杨纸浆材新品种科研开发与培育推广”为支撑，吸收山东兖州太阳纸业、山东高唐泉林纸业、山西襄汾纸业以及湖南洞庭白杨林纸等造纸企业参与，于2002年9月成立了“百万吨三倍体毛白杨纸浆原料林产业化集团协作组”（图6-8）。综合利用学校技术、品种优势以及企业的土地、人力资源优势，课题组与协作组内各成员密切合作，企业纸浆林研究所的育种、种苗、造林、森保、土肥等研究室各司其职，分别承担三倍体毛白杨的品种收集与整理、保纯与

图 6-8　2002 年 9 月 5 日，“百万吨三倍体毛白杨纸浆林基地建设协作组”参观山东兖州太阳纸业纸浆林

复壮、采穗圃营建、苗木繁殖、造林模式与品种对比试验、病虫害防治、水肥管理等任务，从而系统地研究三倍体毛白杨产业化过程中所面临的最佳造林模式确定、主栽品种以及适宜的配套栽培管理措施筛选等急需解决的共性技术问题。根据协作组会议要求，每年适时召开协作组会议一次，各成员单位需向协作组汇报三倍体毛白杨纸浆林基地建设进展，并就基地建设中存在的问题进行讨论，提出解决方案。另外，协作组会议也可为各林纸企业纸浆林基地建设过程中的个性化问题解决提供集体智慧。

四、育苗改革，降低育苗成本提质增效

在三倍体毛白杨纸浆林基地建设过程中，育苗主要采用朱之悌于20世纪90年代创制的“毛白杨多圃配套系列育苗技术”，这一技术是建立在嫁接繁殖的基础之上的，由于嫁接苗成本高，技术环节复杂、周期长，所以推广起来受到限制。而且一年生一条鞭苗系裸根造林，造林集中在春节前后一月，出苗、育苗、造林三者都挤在一起，用工十分困难，况且裸根苗还存在伤根、蹲苗和成活率受影响等问题，缺点同优点一样突出。

与多圃配套系列育苗技术相比，硬枝及嫩枝容器育苗有诸多优点：一是扦插成活率高，大概可达到90%以上的扦插成活率，扦插很好生根；二是繁殖效率高，1m^2的土地空间，可生产出156株容器苗，育苗效率比大田一条鞭每亩1500株折合每平方米生产2.2株要大70倍；三是成本低，容器苗成本在0.5元/株以下，3个月就可完成一个育苗周期，3—4月下地的容器苗到当年生长季末期，苗高可达3m以上，地径3cm，与大田一条鞭育苗的地径大致相当，并未由此而降低了苗木的质量；四是周年可以造林，造林不受季节的限制，完全可以避开劳力高峰，容器苗出苗一批、造林一批，从每年3月、4月开始可持续到年底，上半年用带叶容器苗造林，秋季、冬季用落叶容器苗造林，容器苗是带土（根系）栽种的，造林不伤根，不蹲苗，成活率高。

基于容器育苗的优势，2004年7月朱之悌于山东兖州首次提出了“关于毛白杨育苗方式改革”的设想（图6-9），建议山东兖州太阳纸业、山东高唐泉林纸业、湖南洞庭白杨林纸等企业开展三倍体毛白杨育苗改革，以缓解纸浆林基地建设的用工压力。该设想主要内容包括：育苗体制实施土地、劳力、资金三位一体连产计酬承包责任制；育苗技术由传统的“多圃配套系列育苗”改为温室冬态硬枝容器育苗及嫩枝容器育苗；育苗温室设计构想；造林方式由传统裸根苗造林改为周年容器苗造林。为了落实三

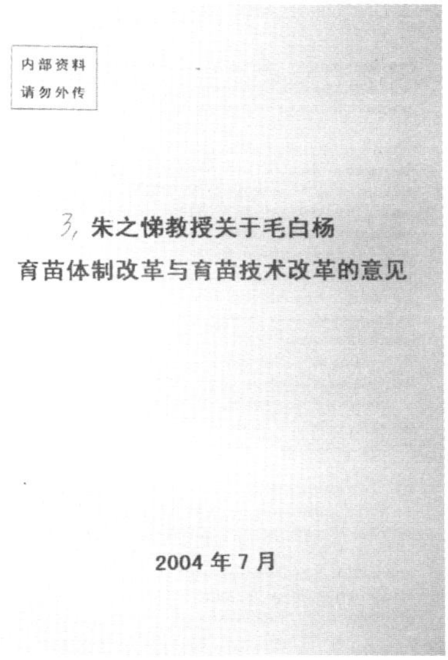

内部资料
请勿外传

3, 朱之悌教授关于毛白杨
育苗体制改革与育苗技术改革的意见

2004 年 7 月

图 6-9　2004 年，朱之悌撰写的育苗体制改革与育苗技术改革的建议书

倍体毛白杨纸浆材新品种育苗体制改革设想，朱之悌指导山东兖州太阳纸业和高唐泉林纸业，以及湖南洞庭白杨林纸成立育苗改革小组，并从自己的科研经费中拨付40万元经费，支持各纸浆林基地的容器育苗改革研究和造林示范。

五、校企合作，依托科技创新促进产业发展

三倍体毛白杨是一个品种群，群体内包含有多个无性系。为保证纸浆林的丰产和高效，实现适地适基因型栽培，首先必须保障生产苗木的幼化和纯化，防止混杂。朱之悌指导山东兖州太阳纸业、山东高唐泉林纸业以及湖南洞庭白杨林纸等企业建立三倍体毛白杨纸浆材品种园1900余亩，用于苗木繁育材料的幼化、纯化和原种材料保存等。通过对12个三倍体毛白杨纸浆材品种叶片的各项性状特征，尤其是叶片大小、叶片质地、叶片形状、叶基形状、叶尖形状、主脉与侧脉的夹角等形态特征差异，编制出12个品种的苗期形态检索表。进一步利用AFLP分子标记中的3个引物组合的8条多态性条带构建了12个供试材料的指纹图谱。这种通过对不同品种苗期形态特征观察，编制品种形态识别检索表，并结合DNA指纹图谱识别无性系品种，为品种纯化提供了有效的技术支撑。

课题组还利用企业土地资源优势和国家林业局批拨的750万元专项资

金，在毛白杨传统分布区内的北京平谷、安徽宿州、山东兖州、山东高唐、河北威县、河南长葛、河南郑州、陕西大荔、山西襄汾、山西太原以及非传统分布区的湖北荆门、浙江富阳等地，建立了12处三倍体毛白杨的区域化栽培试验林415亩，开展了三倍体毛白杨的区域化栽培试验研究。初步确定三倍体毛白杨适宜栽培区域为气候相对干燥的河北、山西、北京、山东西北部以及河南北部，并为这些地区筛选出适宜的三倍体毛白杨主栽品种。其中：北京的主栽品种为B301、B302、B305、B333；山东兖州的主栽品种为B303、B312；山东高唐的主栽品种为B302、B303、B301；河北威县的主栽品种为B303、B306、B301；河南长葛的主栽品种为B305、B303、B331；河南郑州的主栽品种为B305、B306、B331、B333；山西太原的主栽品种为B301、B304、B306；山西襄汾的主栽品种为B302、B306、B331；安徽宿州的主栽品种为B305、B302。

为解决三倍体毛白杨作为短周期以及超短周期纸浆林经营时的栽培模式问题，确定三倍体毛白杨纸浆材的数量成熟和工艺成熟期，指导纸浆林研究所的研究人员，以无性系B304为材料，以2m × 3m、1.5m × 4m、1m × 6m、1m × 5m、2m × 4m、2m × 5m等为造林密度，于山东兖州、河北威县等地建立栽培密度试验林340亩。经过7年的生长量和木材材性测试分析研究，筛选出1.5m × 4m栽培密度是三倍体毛白杨的最佳栽培密度，5年生时材积生长基本达到数量成熟，平均亩产木材7.104m^3；纤维工艺成熟期5~7年；综合数量成熟期与工艺成熟期，确定1.5m × 4m造林密度下的最佳采伐年龄为5年（图6-10~图6-12）。

图 6-10　山东兖州太阳纸业三倍体毛白杨纸浆林造林密度试验测定林

图 6-11　山东兖州太阳纸业三倍体毛白杨无性系栽培模式对比试验林

图 6-12　山东高唐泉林纸业三倍体毛白杨纸浆林栽培模式试验林

除此之外，研究人员还开展三倍体毛白杨容器育苗、容器苗造林（图6-13）、超短轮伐栽培技术以及三倍体毛白杨产业化后备品种筛选研究，解决了三倍体毛白杨产业化过程中的一系列难题；构建了一套可操作性强的花粉染色体加倍技术体系，选育出三毛杨7号、三毛杨8号、三毛杨9号、三毛杨10号、三毛杨11号、北林1号、北林2号7个来源于毛白杨天然2*n*花粉以及毛新杨、银腺杨人工2*n*花粉的新三倍体无性系，为纸浆林品种更新换代以及拓展三倍体适生区域提供后备品种保障。

正是基于朱之悌的不懈努力（图6-14），2007年初，山东兖州太阳纸业10万t化机浆生产线开始装机。2008年初开始投产运行，生产三倍体毛白

图 6-13　5 月龄三倍体毛白杨容器苗试验林

图 6-14　朱之悌在山东高唐泉林纸业与“纸浆兵”讨论工作

杨木浆2.1万t。朱之悌提出的“南桉北毛，黄河纸业”构想终得实现。

综上所述，朱之悌围绕国家对纸浆材原料的重大战略需求，在分析以草制浆的危害、国际纸浆林产业经营模式和特点、我国林业产业政策及纸浆林新品种选育研究现状的基础上，结合三倍体毛白杨的分布和生物学特性，提出了“南桉北毛，黄河纸业”的林浆纸一体的产业化构想，并积极投身于三倍体毛白杨纸浆林新品种产业化实践，与林纸企业密切合作，通过倡导并实施工程育苗，组建纸浆林研究所，招聘培养“纸浆兵”，成立“百万吨三倍体毛白杨纸浆原料林产业化集团协作组”，实施育苗体制和育苗技术改革等系列创新措施，解决了三倍体毛白杨产业化过程中遇到的诸多难题，使“南桉北毛，黄河纸业”的林浆纸一体的产业化构想变为现实。

参考文献

陈建波, 张丽萍, 何三中, 等. 尾叶桉家系试验的初步研究[J]. 广西林业科学, 1995, 24(2): 37- 42.

祁述雄. 中国桉树[M]. 北京: 中国林业出版社, 2002.

苏春雨, 李怒云. 美国国际纸业公司林浆纸一体化的启示[J]. 林业工业研究, 2005(8): 16-22.

谢耀坚. 中国桉树育种研究进展及宏观策略[J]. 世界林业研究, 2011, 24(4): 50-54.

徐卫东.风云人物访谈录: 采访中国工程院院士朱之悌[J].商情周刊, 2000(16/17): 8-11.

臧春林, 侯艳, 刘国珍. 关于我国木材造纸原料问题的分析与思考[J]. 中国造纸, 1998(5): 49-51.

张永真, 章婕, 郭连城, 等. 废纸回收利用与环境标志纸制品[J]. 再生资源研究, 1999(1): 17-23.

朱之悌, 盛莹萍. 论树木的老化: 幼年性、成年性、相互关系及其利用[J]. 北京林业大学学报, 1992, 14(增3): 92-104.

朱之悌. 毛白杨遗传改良[M]. 北京: 中国林业出版社, 2006.

朱之悌. 毛白杨多圃配套育苗新技术研究[J]. 北京林业大学学报, 2002, 24(增刊): 4-44.

DORUSKA P F, PATTERSON D W. An individual - tree, merchantable, green weight equation for loblolly pine pulpwood in arkansas, including seasonal effects[J]. Southern Journal of Applied Forestry, 2006, 30(2): 61-65.

HAMILTON M, JOYCE K, WILLIAMS D, et al. Achievements in forest tree improvement in Australia and New Zealand - 9. Genetic improvement of *Eucalyptus nitens* in Australia[J]. Australian Forestry, 2008, 71(2): 82-93.

OINONEN H. Votorantim Group - an expansive pulp and paper supplier in Brazil[J]. Paperi Japuu-paper and Timber, 2005, 87(6): 384-385.

PHELPS J E, ISEBRANDS J G, JOWETT D. Raw material quality of short-term, intensively cultured *Populus clones* I: A comparison of stem and branch properties at three spacing[J]. Iawa Journal, 1982, 3(3/4): 193-200.

PLIURA A, ZHANG S Y, MACKAY J, et al. Genotypic variation in wood density and growth traits of poplar hybrids at four clonal trails[J]. Forest Ecology and Management, 2007(238): 92-106.

Ranua J. Why is the Finnish forest industry interested in aspen?[J]. Sorbifolia, 1996(4): 178-180.

SCHIMLECK L R, STURZENBECHER R, JONES P D, et al. Development of wood property calibrations using near infrared spectra having different spectral resolutions[J]. Journal of Near Infrared Spectroscopy, 2004, 12(1): 55-61.

STROMVALL A M, PETERSSON G. Monoterpenes emitted to air from industrial barking of Scandinavian conifers[J]. Environmental Pollution, 1993, 39(3): 215-218.

SWEET G B. Seed orchards in development[J]. Tree Physiology, 1995, 15(7/8): 527-530.

VARHIMO A, KOJOLA S, PENTILA T, et al. Quality and yield of pulpwood in drained peatland forests: Pulpwood properties of Scots pine in stands of first commercial thinnings[J]. Silva Fennica, 2003, 37(3): 343-357.

YANCHUK A D, DANCIK B P, MICKO M M. Variation and heritability of wood density and fiber length of trembling aspen in Alberta[J]. Canada Silvae Genetica, 1984(33): 11-16.

YU Q, PULKKINEN P, RAUTIO M, et al. Genetic control of wood physiochemical properties, growth and phenology in hybrid aspen clones[J]. Canadian Journal of Forest Research, 2001(31): 1348-1356.

第七章

高屋建瓴，知行合一：朱之悌院士学术思想总论

图 7-1　2004 年 3 月，朱之悌获国家科学技术进步奖二等奖后在北京林业大学主楼前留影

朱之悌是世界著名林木育种学家，我国林木遗传育种学科开创者之一，其瞄准国家急需的林纸产业，构建严谨精细的育种策略，创新另辟蹊径的育种方法，秉持知行合一的学术道路，圆满完成国家交付的毛白杨良种选育任务，并促成三倍体毛白杨新品种“林浆纸一体化”实现。朱之悌终其一生潜心学问、忠贞报国而形成的“目标高远、战略缜密、技术独到、弘毅笃行”的学术思想，是留给人们的宝贵财富，具有重要的学术价值。

朱之悌长期围绕国家急需的短周期工业用材新品种选育展开研究，在解决我国乡土树种毛白杨基因资源收集保存、种质创新、新品种选育以及良种繁育技术等方面取得了一系列重要突破，创造了同一树种连续3次荣获国家科学技术进步奖二等奖的佳绩，显著推动毛白杨良种选育进程和产业发展，在促进我国林木育种科技进步，推动“林纸结合”产业化以及生态环境建设等方面作出了重大贡献（图7-1）。

学术思想是学者通过长期系统的学术研究而形成的思想体系。而任何一位学者的学术思想形成，都是基于一定的社会和科技发展背景下逐渐完善并系统化的过程，朱之悌亦不例外。从相关文献分析，可将朱之悌学术思想演变分为四个阶段，包括大学和研究生时期对国家林业建设满怀热忱的感性阶段，回国任教以及在北京林学院南迁时坚持毛白杨生根抑制剂和无性繁殖研究以及油橄榄良种选育的逐渐走向理性阶段，由主持“六五”国家科技攻关计划专题到“八五”国家科技攻关计划课题及其加强项目（图7-2）以及林业部重点课题“毛白杨良种选育”的日臻成熟阶段，再是三倍体毛白杨选育成功及其产业化攻关的进一步升华阶段。梳理其近50年的林木遗传育种教学和科研历程以及所取得的研究成果，对于准确理解朱之悌的学术思想特征及其深刻内涵，丰富林木遗传育种理论体系，以及指导林木育种实践等具有重要意义。

图7-2 1998年，“八五”国家科技攻关加强专题“毛白杨三倍体新品种选育”验收会

第一节

目标高远，瞄准国家急需的林纸产业

图 7-3 1953 年春，北京大觉寺阳光明媚的早上，朱之悌凝望火红的朝霞，面对未来踌躇满志

将自己的学术研究服务于国家经济发展需求，贯穿于朱之悌求学和履职的全过程之中。新中国成立之初，长期的战乱破坏导致我国森林资源锐减，全国森林面积仅存0.83亿hm^2，森林覆盖率8.6%。面对满目疮痍的祖国，在营造大型国家防护林带的“斯大林改造大自然计划”从苏联传来之时，自然而然地激起新中国青年一代的报国之心，也陪伴着年轻的朱之悌走进武汉大学，进而辗转走进北京林学院的林学殿堂。“无山不绿，有水皆清，四时花香，万壑鸟鸣，替河山妆成锦绣，把国土绘成丹青”原林业部部长梁希等林学家们的报告让学子们更是激情满怀，也深深感受到新中国林人所担负的重任。朱之悌全身心地投入到专业学习之中，并在学习中认识到苏联园艺学家米丘林的育种方法，可能就是“做到木材用不完，果实吃不尽，桑茶采不了”的秘方之一（图7-3）。

朱之悌将自己的职业志向与国家发展需求相结合，志在成为一位育种学家。1954年，朱之悌如愿留校担任林木遗传育种专业课教师，并于1957年11月被国家选派到莫斯科林学院雅勃那阔夫院士门下攻读林木育种研究生。在留学期间，他选定经济林树种核桃（*Juglans regia*）作为研究对象，完成了《核桃嫁接成活机理和无性繁殖的研究》的副博士学位论文（图7-4、图7-5）。回国后，他立即全身心地投入到林木遗传育种教学和学校的日常工作之中，希望能将自己所学全部贡献给祖国，最大限度地提供自己的社会贡献。他的学生和同事记得，每次讲课或课程辅导之前，他总是对照讲义和资料认真备课，将自己累积的知识融会贯通，用浅显易懂的语言来讲授更深刻的科学原理，如同讲故事一样娓娓道来，春风化雨般的影响每一位教过的学生，因此成为北京林业大学最受学生爱戴和欢迎的教师之一。尤其是在北京林学院自云南返京复校后，作为林木遗传育种学科负责人，他多方联系优秀教师充实学科队伍，主持编写林木遗传育种教学大纲和《林木遗传学基础》教材，举办全国林木遗传育种主讲教师培训班等，多年的心血逐步将学科培育成为部级和国家级重点建设学科，成为我国林木遗传育种学术交流与人才培养中心之一，为国家林木遗传育种学科发展和林木良种化进程作出了重要的贡献。

图7-4　1959年，朱之悌（居中）、王明庥与雅勃那阔夫院士进行学术交流

图7-5　朱之悌留学期间自己嫁接的核桃苗

“培育新品种，改造大自然”是朱之悌一生追求。从苏联留学回国后，他马上启动了毛白杨生根抑制剂分离和调控试验研究，期望通过解决毛白杨扦插繁殖技术难题而实现优良无性系品种的推广应用。即使在学校迁址云南期间，仍然想办法创造条件开展工作，向云南省科学技术委员会申请科研项目与经费，开展了油橄榄选优和结实测定，以及毛白杨无性繁殖试验等工作。尤其是20世纪80年代初，随着改革开放带来社会需求的剧增，以及胶合板、纤维板、木浆造纸等现代森林工业引进，对木材供给及其品质要求提高，国家科学技术委员会及林业部把解决木浆原料品种问题列入国家科技攻关计划，其中毛白杨专题由朱之悌负责，由此，选育速生优质短周期毛白杨新品种，解决国家木材依赖进口问题，尤其是急需的林纸产业木浆原料品种问题成为他终生的追求。经过20多年的创新研究，基于选择育种，先后选育出27个速生优质的毛白杨绿化雄株品种以及建筑材、胶合板材新品种；采取远缘杂交技术拓展毛白杨优良基因应用范围，创制出一大批毛新杨（*P. tomentosa*×*P. bolleana*）×银灰杨（*P. canescens*）和毛新杨×大齿杨新种质，培育出适合三北地区栽培的‘蒙树1号杨’‘蒙树2号杨’‘蒙树3号杨’新品种（图7-6）；利用毛白杨天然2*n*花粉与毛新杨授粉回交，选育出11个综合倍性优势和杂种优势的三倍体毛白杨新品种（图7-7）等。尤其是具有生长迅速、纤维长、木质素含量

图7-6 适合三北地区栽培的毛白杨杂交新品种‘蒙树2号杨’

图7-7 8年生三倍体毛白杨新品种（左）与二倍体良种生长对比优势显著

低、纤维素得率高等特性的三倍体毛白杨新品种选育成功，成为深受地方和造纸企业欢迎的速生材新品种，得到了大面积推广应用。截至2005年，朱之悌培育的毛白杨和三倍体毛白杨新品种推广种植近4亿株，实现了自己的理想和对国家的承诺。可以骄傲地总结自己的林木育种职业生涯："最为高兴的则是自己还能有机会在我国这片相对贫瘠的林学园地中耕耘播种，并能很自豪地收获珍爱的果实"。

在选育出5年采伐期的速生优质三倍体毛白杨新品种之后，开始竭尽全力推动三倍体毛白杨新品种产业化。因为"一个品种再好，如果不能转化为生产力，就是水中月，是没有实际意义的"。朱之悌深刻地认识到，国外一些发达国家的森工企业为降低原料生产成本，追求高效回报，直接参与新品种的研制等，在新品种育成后，可直接转化为生产。而我国的育种研究，由于缺乏市场的导向和驱动，后劲不足；林木品种的推广开发更是缺乏与市场的联系。有了适合的新品种，再加上好的政策，依靠经济利益的驱动，走"高科技育种+规模化造林+企业集团运作"的发展模式，可望使林浆纸一体化在短期内成为现实。因此，1999年12月15日，在国家开发银行与国家林业局联合召开的国际林业研讨会上，朱之悌应邀做大会报告，首次提出了"南桉北毛、黄河纸业"的三倍体毛白杨产业化构想，该报告于2000年3月在《商情周刊》主编访谈（图7-8）中正式发布。由此促

图 7-8　2000 年 3 月，朱之悌接受《商情周刊》杂志专访

成了山东兖州的太阳纸业、高唐泉林纸业等大型造纸企业投身于三倍体毛白杨纸浆原料林基地建设（图7-9、图7-10）。朱镕基、温家宝两任总理关于三倍体毛白杨纸浆材新品种的专门批示，给了朱之悌更大的动力。他竭尽全力推动兖州太阳纸业、高唐泉林纸业等企业的三倍体毛白杨纸浆原料林基地建设，直至生命的最后时刻。2008年1月，在朱之悌去世3年之后，山东兖州太阳纸业化学机械浆生产线投产并生产出三倍体毛白杨木浆，三倍体毛白杨的“林纸一体化”终于成为现实（图7-11）。

图 7-9　山东兖州太阳纸业种植的三倍体毛白杨制浆原料林

图 7-10　山东高唐泉林纸业种植的三倍体毛白杨制浆原料林（贾黎明 供图）

图 7-11　2008 年，山东兖州太阳纸业 30 万 t 化机浆生产线投产产出三北地区毛白杨木浆

第二节

战略缜密，构建严谨精细的育种策略

图 7-12　朱之悌遗著
《毛白杨遗传改良》

人类社会进入20世纪后，随着蒸汽机、电动机等的发明和使用，车、船、桥梁、电杆、枕木、坑木、发电、造纸等行业发展带动木材需求剧增，森林资源培育和利用研究开始受到欧美一些工业化国家的高度重视。在围绕选择、交配、遗传测定为核心推进育种循环的遗传改良过程中，尤其重视基本群体、育种群体、选择群体和生产群体建设。根据树种特性及育种目标采取复合群体或单一群体以及不平衡交配设计等措施进行育种群体管理；通过轮回选择实现目标性状相关基因聚集以及多目标综合选择育种。林木育种战略，是决定林木育种事业成败的先决条件。

朱之悌在其遗著《毛白杨遗传改良》（图7-12）自序中指出，第一章“杨树育种战略研究的内涵与要点”是自己多年林木育种研究的总结与思考；并将育种策略有意写为育种战略，将林木育种比作一场没有硝烟的“战争”。而在第一章“杨树育种战略研究的内涵与要点”中更是开宗明义指出：“林木育种战略是决定林木育种事业成败的先决条件。”“世界上没有一项落后的或不先进的育种战略，可以导致选育出先进的育种成果的。想获得区别于前人的育种成果，则首先应从拥有区别于前人的育种战略开始。”由于“林木育种这一行，是经不起犯错误的职业”。因为“林木育种是一个长时间的过程，每走一步都要深思熟虑。上世代要为下世代着想，前一步要为后一步做准备，今天的疏忽，可能造成明天悔之已晚的困难”等。

朱之悌强调林木育种策略的重点在亲本研究和亲本选择。用来杂交的亲本，绝不是遗传背景不明的随机单株。杂交亲本植株的选择经过了优良种源、优良林分、优良单株上的考虑，从中物色杂交亲本植株。有的杂交亲本植株还经过了多次轮回交互测定，在查明其一般配合力和特殊配合力的基础之上，才进行杂交。因杂交育种是个科学选配的严密过程，是多层次优化基础上的基因重组，绝不是选亲与杂交上的随机之作。他明确指出轮回选择和配合选择对林木育种成功的重要意义。而从混杂群体中选出优良家系，从家系中选出优良单株，单株再增殖成大片群体，这是丰富的遗传性不断变窄的过程，它在使我们获得一定好处的同时，孕育着潜在的风险。因此要把直接生产种子的生产群体（遗传性窄化）和培育优良品种所需的资源和选择、杂交和测定的育种群体（遗传性变宽）分开。在每一育种世代中，由于遗传性变窄的风险越来越大，因此要不断地补充和丰富新的基因资源，扩大优树的选择，要从更高的基因资源角度去追求更高的育种目标。这是一个树种长期可持续育种的核心和关键。

由于“林木育种战略不是一项适合所有树种和所有目标的统一通式，而是各有各的特点”。因此，应针对树种特点制定育种战略，其中“既要回答育种战略的一般性问题（共性），又要回答这些一般性问题的具体解决细节（个性）。共性主要反映在育种程序上，它是如何一步步地展开。”“个性则说明这些环节是如何解决的，在育种上克服了哪些困难，采取了什么措施，使困难随之而解。所以，个性体现了育种技艺的高低。”同时，朱之悌也认识到我国与西方林木育种的差距和短处。“林木改良的周期更长，一次轮回测交要几年甚至几十年的时间、多次轮回测交就更长了”。西方研究机构拥有自己的试验地或能够长期利用企业土地，可以一年一年、一代一代地经营下去。而我国研究机构“要在农民与国家间以申请科研项目的形式去进行土地与经费的结合。加之树木的结实和后代测定，是育种周期中最费时间的部分，因此每种测定和每个环节，都要科学安排，分摊铺开，穿插进行，不要单打一”。也就是说，我国林木育种要科学规划、以短养长。“要求育种工作者要像军事家攻打一场战役那样，十分谨慎，周密考虑，用最好的战略战术配合去打赢这场战争”。

毛白杨育种成功的关键之一就在于育种策略缜密。朱之悌基于自己多年对国内外育种案例研究，以及自己前期育种实践积累，在经过充分的科学分析和论证之后，制定了以毛白杨基因资源收集、保存及其遗传基础研究为起点，以改造毛白杨前期生长缓慢的性状、培育短周期新品种为主攻目标，以解决毛白杨无性繁殖难关为新品种大规模投产保障的研究策略。而在提出育种策略共性问题的同时，制定了配套的资源收集、选优、繁殖、测定等技术环节的相关原则和具体技术措施，并在具体实施过程中严格执行落实等。尤其突出长期育种战略和短期育种目标相结合，其中，在完成全分布区种质资源收集的基础上，根据3年苗期的生长对比试验，并结合选优地点、原株情况、种源的代表性和分布的均匀性等，选出超平均数以上的500个无性系，甚至不遵从正规的试验设计，分2批（前250A林，后250B林）布置10个省（自治区、直辖市）种源试验，尽可能加大可供选择的无性系数量，增加为各造林区域选出更优良无性系的概率。同时，为考虑选优成果及早投产，实行边测定、边试种的战略，从500个入选无性系中选出苗期表现最为突出的54个无性系，分2批（前34C林，后20E林）营造基于完全随机区组试验设计得到无性系对比测定林，期望在短期内选出3~5个初选无性系用于生产。此后，基于选种建立的多重测定林以及杂交和三倍体育种等研究，再推出第2批或第3批成果，去代替前期相形见绌的品种，使品种筛选连绵不断，而且中选的无性系一次将比一次丰产，一次比一次准确、可靠。从而加速实现毛白杨造林材料的更新换代和造林良种化（图7-13、图7-14）。

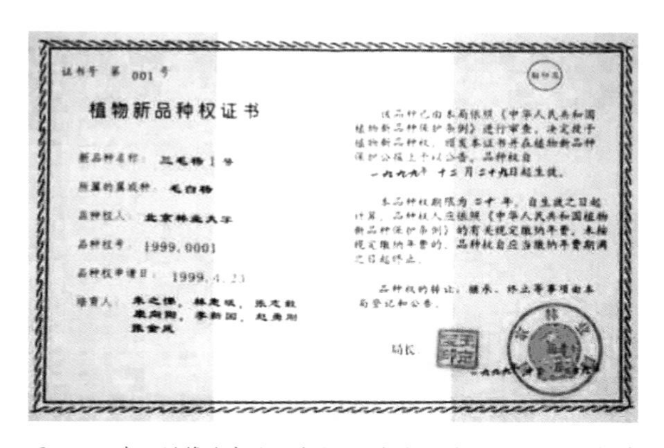
证书号 第 001 号

植物新品种权证书

新品种名称：三毛杨1号

所属的属或种：毛白杨

品种权人：北京林业大学

品种权号：1999.0001

品种权申请日：1999.4.23

一九九九年十二月二十九日起生效。

局长

图 7-13　朱之悌等选育的三倍体毛白杨新品种‘三毛杨 1 号’获国家植物新品种权证书

林木良种证

（审　定）

良种名称　三毛杨8号

树种　杨树

学名　Populus 'Sanmaoyang 8'

良种编号　国 S-SC-PT-004-2012

适宜推广生态区域

适于北京、河北、山西中南部、山东西北部及河南北部等平原和河谷川地。

编号：（2012）第04号　发证机关

2012年12月30日

图 7-14　朱之悌等选育的三倍体毛白杨新品种‘三毛杨 8 号’获国家林木良种证书

第三节

技术独到，创新另辟蹊径的育种方法

创新是学术思想的核心属性。朱之悌认为："林木生长周期长，在育种过程中，采取什么育种思路，什么技术路线去选育一个新的品种，这个品种性状是否稳定，增产的幅度有多大，适应地区有多广，这些都关系到育种的成败问题，是育种技术的核心"。而成功的育种策略在于"针对树种的特点和育种目标所制定的科学育种方法"，即创新适合树种特点的育种技术。"只有对症下药的育种方法（战术），才能攻克目标。"所以，育种者绝不能不分青红皂白，从头到尾平均使劲；更不能赶时髦，看人家国际水平在哪儿，也跟着把重点放在哪儿。"不搞点分子，就似乎缺少现代化，这是不明智的，绝不能因赶时髦而忽略了战略的核心。"要找出研究的突破口，集中兵力、重点突破。"突破口找对了，战略战术用得恰当，定然在短期内就可取得重大的进展"。

油橄榄（*Olea europaea*）是朱之悌研究过的3个树种之一。1964年，在周恩来总理领导下我国由阿尔巴尼亚等国引进了一批油橄榄种苗，于15个省（自治区、直辖市）、500多个种植点开展引种栽培试验。由于油橄榄主要分布地属于地中海气候，与我国的大陆性气候相差甚远，因此，除了选择油橄榄栽培的适合种植地点外，摆在油橄榄科技工作者前面的任务，是如何制定出一套科学的选优方法以选育出适应我国气候特点的新品种。为此，在1976—1977年，朱之悌以在云南种植并已开花结实的油橄榄为对象，开展了优树选择及其结实能力测定研究，认为叶片的寿命与繁茂，是反映树木生长好坏，是具有综合意义的指标。因此，提出基于叶单元总叶数选优方法，并证明基于栽培品种与授粉植株花期配合情况以及完全花的比例可有效测定优树结实能力等。相关研究抓住了影响油橄榄结实能力的关键所在，具有重要的指导意义。

毛白杨遗传改良实践更是一个林木育种策略与战术合理创新运用的典型案例，分别凭借毛白杨优良基因资源收集保存利用、毛白杨多圃配套系列育苗技术和三倍体毛白杨新品种选育等成果荣获国家科学技术进步奖二等奖。其中，在毛白杨种质资源收集保存工作中，要求种质资源收集能反映分布范围的整体性，在各气候区，每个县均进行资源调查和选优；保证地理种源的代表性，在每个县内选择几个栽培点，每个栽培点内再选择单株，同时完成代表性种源与优树收集；重视样本植株间的无重复性，保持选优地点和个体的距离等。通过在毛白杨分布区的10个省（自治区、直辖市）100个县（市）各选若干个栽培点进行收集，采用3株或5株大树法或绝对指标法进行选优，同时收集50年生以上的老树、优良类型以及天然林种质等，这样就保证了毛白杨种质资源收集的全面性、代表性、目标性状优良性以及具有较高的遗传多样性水平。而来源广泛、遗传多样性丰富且高标准的优树种质资源，正是今天毛白杨良种选育成果能持续高水平产出的关键所在。相比较而言，国内一些树种遗传改良之所以遗传增益不高，或者难以推动高世代育种，其根本原因也多是由于种质资源收集范围过小、标准过低、遗传距离较近等原因所致。

在毛白杨种质资源收集、保存和利用过程中，最具创造性的是要求每个栽培点对入选优树采取分别挖根和采集花枝收集优树种质资源的技术路线。当毛白杨优树根系和花枝集中运送到山东冠县苗圃后，其中根系进入温室沙培供促萌、嫩枝扦插，以消除成年优树的年龄差异，获得幼化根萌苗进行无性系测定，保证选育新品种的可靠性；而采集的花枝嫁接繁殖，获得保持成年性的花枝苗建立育种园，定植后2~3年即可开花结实，尽快用于杂交育种等。采取这种分部位取样、分部位保存的毛白杨种质资源收集方法，在保证成功选育出一系列毛白杨雄株行道树和建筑材、胶合板材新品种的同时，还快速推进了毛白杨杂交育种和多倍体育种工作。后期各省（自治区、直辖市）通过审定并至今仍在城乡绿化中应用的毛白杨良种，以及北京林业大学五代育种人潜心毛白杨良种选育所有亲本，均来自当年收集的毛白杨优树资源以及基于这些优树建立的种质资源库。

白杨派树种大田硬枝扦插繁殖是世界性难题。以往毛白杨多采用埋条、根萌、嫁接、嫩枝扦插等方法繁殖，也有采取组织培养繁殖的探讨。但是，这些方法或耗条量大、繁殖系数低；或管理难度大、出圃率低；或易导致品种老化；或苗木不能当年出圃等，难以满足大规模良种繁殖需求。朱之悌等创造性地将组培分步培养的思路运用于大田苗圃育苗之中，实现采穗圃、砧木圃、繁殖圃、根繁圃等4个苗圃配套运用，其中，通过配套的采穗圃建设，解决毛白杨良种幼化材料的规模供应问题；通过砧木圃建设，解决因扦插生根缓慢、成活率低导致毛白杨良种大规模无性繁殖困难问题；通过繁殖圃建设，解决毛白杨良种优质苗木大规模供给问题；通过根繁圃建设，解决毛白杨良种采穗圃幼化以及进一步降低育苗成本问题等，从而建立了当年出圃、材料幼化、技术环节简约、成本较低且适合大规模繁殖的毛白杨多圃配套系列育苗技术，3年可从1株扩繁到100万株，实现良种与良法配套，为毛白杨优良品种推广奠定了技术基础。

在改造毛白杨前期生长缓慢的性状、培育短周期新品种的研究工作中，创造性地采用回交染色体部分替换和染色体加倍的育种思路，利用毛白杨可自然产生$2n$花粉的特性，或人工诱导$2n$配子给毛白杨杂种毛新杨授粉杂交选育杂种三倍体，综合利用杂种优势和倍性优势，成功地选育出一系列速生优质的短周期三倍体毛白杨新品种。与选种毛白杨优良无性系相比，三倍体新品种材积生长提高1倍以上，纤维长度增加52.4%，α-纤维素含量高5.8%，木质素含量降低17.9%，实现了多目标性状的综合改良。三倍体毛白杨是优良的短周期纸浆材等纤维用材新品种，其作为纸浆材应用时，制浆得率高而能耗、化学品消耗低，纸制品质量高，可保证产业链的综合经济效益的最大化。

第四节

弘毅笃行，秉持知行合一的学术道路

“洞庭碧水，红场晨钟，五十年风风雨雨求学路；滇池烟波，香山红枫，二十载痴心不改白杨情”。这是朱之悌在《毛白杨遗传改良》自序中对自己一生的总结。由于我国的造纸必须从解决造纸原料的源头抓起，选育出短周期、抗性好、木浆得率高的新品种来。而育种是一个需要长期坚持实践的艰苦职业，也是一个高风险职业，毛白杨育种同样如此。“在一个育种周期中，要走完这一艰苦而漫长的过程，约需15~20年时间。辛辛苦苦、担心受怕、费力费钱的遗传改良工程，全靠育种者以始终不渝、百折不挠的毅力去支撑、奋斗。20年中任何一个环节的失误，都可导致前功尽弃，长期努力成为一场空。”“就朱之悌个人的科研历程看，他认为应该是值得庆幸的：能捡到一块别人挑剩下的硬骨头、世界上最优良的杨树树种——毛白杨，并能在遇到一个又一个困难后始终坚持没有放弃”。

笃行是实现“知行合一”的为学最高境界的必要过程。而“非弘不能胜其重，非毅无以致其远”。正如朱之悌为中国工程院院士馆题词所云：“心之官则思，久思必成新，久琢必成器”（图7-15）。弘毅笃行体现于朱之悌开展毛白杨良种选育科技攻关的具体实践之中：“在近于空白的研究起点上，我与弟子们以及协作组成员摸索前进，一点一滴地积累研究数

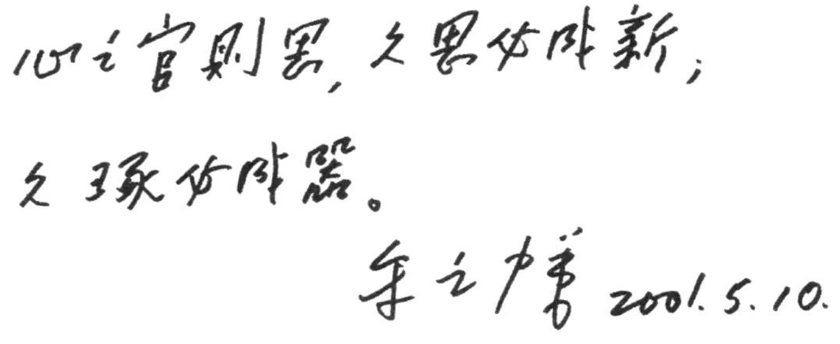

心之官则思，久思必成新；
久琢必成器。
朱之悌 2001.5.10.

图 7-15　2001 年，朱之悌为中国工程院院士馆题词

据，一步一步地向目标接近，铺就了一段今天仍难以说尽善尽美的毛白杨遗传改良道路”“回顾过去，既有收获、成绩与荣誉，也有失误、教训以及遗憾”。这其中的“苦、辣、酸、甜”可以用林惠斌为《毛白杨遗传改良》所撰写的后记中的一段话作为注释，朱之悌有“为布置试验自己当牛拉犁耕地的艰难；为保住试验林而苦等林业局长的忍耐；为保课题、驳不实之说而奋笔疾书的不屈；为产业化给企业、部长乃至总理写信诉求的渴望；为留下一名好学生的四处奔波；为课题获奖和学科进步的激奋和欣喜；在他癌症晚期仍坚守基地指挥与写作的惊人毅力；为毛白杨——他一生所热爱的事业而无私奉献的执着等”。

为了减少工作失误，保证研究的每一步都能顺利推进，在每年育种的关键时期，朱之悌与夫人林惠斌先生都是坚持在基地蹲点，住在没有暖气、空调的“朱公馆”，自己开火做饭，指导助手和研究生开展育种工作，也亲自动手和学生一起扦插育苗、授粉杂交、测量数据等（图7-16、图7-17）。尤其是在开展毛白杨基因资源收集的前几年，春节都是在山东冠县的“朱公馆”中度过的，因为此时恰是沙培根条的萌芽时期，也是杂交开始授粉时期，而苗圃工人回家过年了，更需要有人顶上，为温室加温、通风透气、浇水以及采条扦插，或给水培花枝换水、收集花粉、及时套袋隔离、授粉杂交等，保证任何一个环节都不出纰漏。在科研攻关的20余年间，朱之悌总是执着而坚定地推动毛白杨良种选育进程，千方百计克服面临的任何问题和困难。甚至在苗圃春季劳力紧张时，朱之悌和研究生

图 7-16　1992 年植树节，朱之悌在河北威县苗圃亲手种植的三倍体毛白杨新品种

图 7-17　1993 年，朱之悌与夫人林惠斌在河北威县苏庄调查三倍体毛白杨生长情况

们曾一起拉犁耕地，保证不耽误杂交无性系苗期对比试验。而为了保住一片尚未到最佳测定时间的试验林，他也曾从早到晚一直守在林业局办公楼前，希望能说服林业局局长，以免多年的研究成果由于试验林遭到破坏而前功尽弃。

为了加快三倍体毛白杨新品种推广，朱之悌更是不遗余力，直至生命的最后一息（图7-18）。在1994—1997年，他先后与山西、河南、河北等省林业厅签订共建三倍体毛白杨纸浆原料林基地协议，希望借助于政府林业部门的行政力量推动三倍体毛白杨产业化。并于1997年2月致信给时任林业部副部长李育材、刘于鹤，汇报我国首次选育成功的三倍体毛白杨新品种及其丰产情况，促成李育材副部长等领导赴河北威县实地考察。但在具体实施过程中发现，政府主管部门制度要求限制多，很难在短时间内有突破性进展。借鉴国外森林工业发展经验，朱之悌认识到林浆纸一体化不仅仅是一个资金的问题，国家政策导向与龙头企业带动共同作用应该更为重要。从1998年起，他开始与一些企业接触，并促成了时任国务院研究室副主任杨雍哲的河北威县之行。鉴于三倍体毛白杨新品种是通过对我国优良的乡土树种——毛白杨施加遗传改良获得的，其最适宜的地区是黄河中下游，该地区有大面积的滩地、荒地，土地资源丰富，加之在该区域有数十家规模较大的造纸企业，有的甚至在建成后就因缺乏原料而处于停产状态。为此，朱之悌提出了“南桉北毛，黄河纸业”的三倍体毛白杨产业化设想，从而带动山东兖州太阳纸业、高唐泉林纸业等一批造纸企业营造三

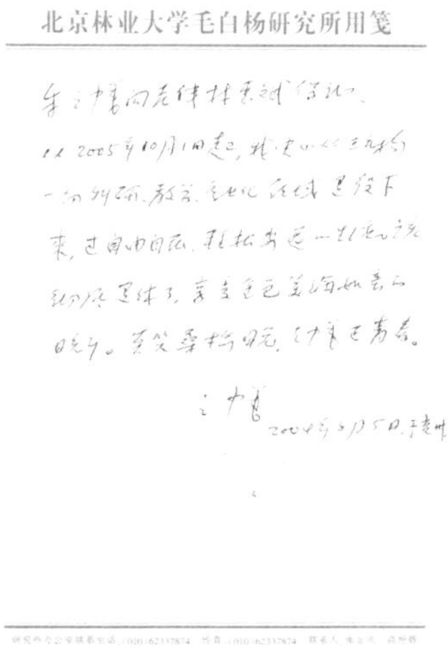

北京林业大学毛白杨研究所用笺

图7-18　2004年8月5日，朱之悌给夫人林惠斌写的保证书

倍体毛白杨纸浆原料林的热潮。

在2000—2004年，朱之悌又开始了自己盼望已久的“第二次科技攻关”——三倍体毛白杨产业化攻关。他与夫人林惠斌长期蹲点于山东兖州、高唐等地，指导太阳纸业、泉林纸业等企业育苗、造林，直至生命的最后一刻仍然记挂着“黄河纸业”。其中，为快速完成造纸企业大规模纸浆原料林建设初期的苗木准备任务，倡导并指导推行“工程育苗”，通过“借鸡孵蛋”式的推广方式，借助全国毛白杨专业苗圃的技术与资源优势，完成企业每年数万亩的三倍体毛白杨苗圃建设。为解决三倍体毛白杨新品种纸浆原料林配套栽培技术仍有欠缺，而企业又不愿意增加研究经费投入的问题，他致信朱镕基总理并得到重要批示，获得国家林业局750万元专项研究经费支持，并以此为依托布置了大量的三倍体毛白杨纸浆林栽培试验林等。为解决三倍体毛白杨新品种纸浆原料林建设中出现的技术问题，组织成立了“百万吨三倍体毛白杨纸浆原料林产业化集团协作组”，形成实质性校企协作、优势互补的组织形式，及时交流经验，提高纸浆原料林建设技术和管理水平。为形成企业自己的纸浆林建设技术队伍，指导各企业组建了三倍体毛白杨纸浆林研究所，亲自到各地高校招聘大学毕业生、研究生等充实到研究所的育种室、种苗室、造林室、土肥室、森保室工作，分别承担三倍体毛白杨新品种推广过程中品种保纯与复壮、采穗圃营建与苗木繁殖、造林技术管理、病虫害防治等任务等（图7-19、图7-20）。

朱之悌特别重视学术传承，认为弟子的成长是学术事业的延续。他常说自己有“三子”为宝，但排在首位的永远是苗子（事业）和弟子（接班人），其次才是他的孩子（家庭）。每位研究生入校后，他都一次次与其交谈，了解学生所长及所思所想，并介绍自己的重点工作，引导学生自主选题；学生在日常学习和学位论文研究中遇到困难时，也总是从不同角度帮助分析问题所在，引导学生开拓创新，提出解决问题的途径和方法；尽管他的研究经费并不多，加之协作单位多、科研基地布点范围广，平时花费精打细算，但在学生的学术交流、学习以及必要仪器设备购置方面却毫不吝惜，想方设法保证研究进展；每一位学生的开题报告、研究论文以及学位论文都数易其稿，而每一稿都布满朱之悌修改的批注和评语等，直到满意为止等。朱之悌一生共培养了14名博士和19名硕士，迄今有8人被聘任为博士生导师、13人晋升为教授或研究员，成为活跃在国内外林木遗传育种舞台上的重要力量。而在毛白杨良种选育团队建设方面，为了能留住

图 7-19　2003 年，朱之悌在山东兖州太阳纸业指导“纸浆兵”三倍体毛白杨育苗

图 7-20　2003 年，朱之悌为节省体力随身携带小马扎开展工作

一位优秀学生或青年教师，朱之悌曾一次次不厌其烦地找学校甚至林业部领导，要留校或进京指标，并鼓励学生：“人的一生中最为成功、最值得记忆之处，在于他将其一生与他的名字与某项事业的缔造联系起来，事业所在，千古流芳”。毛白杨遗传改良团队也没有辜负朱之悌的期望，经过近20年的努力，完成了毛白杨育种群体构建，建立了杨树多倍体高效诱导技术体系，选育出一批毛白杨三倍体新品种以及国家良种，甚至成功将多倍体育种技术向青杨、桉树、刺槐、枫香、杜仲、橡胶树、枣树、枸杞等树种拓展等，有力推动了我国林木遗传育种学科进步、良种化进程和林业产业发展。

综上所述，朱之悌亲身经历了外国列强对祖国的侵略和掠夺，面对满目疮痍、亟待建设的新中国，确定了为祖国林业“培育新品种”的人生理想，并在日新月异的祖国社会经济发展过程中不断得到强化，最终定格在瞄准国家林纸产业急需的纸浆材新品种选育的远大目标。将个人的理想和国家的需求相统一，确立高远的人生奋斗目标，是朱之悌不忘初心、坚守理想，并在学术研究方面取得成功的动力。就具体树种良种选育而言，育种策略是针对一个树种遗传改良的育种目标、技术路线、研究进度安排等制定的长期研究计划，只有制定科学而缜密的育种战略，才能保证长期的育种研究不偏离方向。而当一个树种年的育种战略确定后，为达到一个阶段目标的所采取的技术方法和途径则是战术问题，创新独到的育种技术，则是保证林木育种成功的关键。当然，无论如何宏伟的育种战略以及独具匠心的育种方法，都需要得到具体的科研实践落实和验证，弘毅笃行、知行合一，是保证林木育种策略落实并取得成功的基础。而需要特别说明的是，仅凭“目标高远、战略缜密、技术独到、弘毅笃行”的寥寥十数字，难以完全彰显朱之悌学术思想的光辉，也只能说是其学术思想的几张剪影。“黄河纸业业未竟，白杨精神神永存”。朱之悌作为新中国自己培养的第一代高级知识分子的杰出代表，他为我国林木育种事业奋斗一生所取得的研究成果，以及其中蕴含了深刻学术的思想与理念，值得人们深入挖掘与学习。

参考文献

康向阳, 朱之悌. 三倍体毛白杨在我国纸浆生产中的地位与作用[J]. 北京林业大学学报, 2002, 24(S1): 51-56.

康向阳. 林木遗传育种研究进展[J]. 南京林业大学学报(自然科学版), 2020, 44(3): 1-10.

康向阳. 朱之悌传略[M]// 石元春. 二十世纪中国知名科学家学术成就概览. 北京: 科学出版社, 2013: 479-490.

梁希. 梁希文集[M]. 北京: 中国林业出版社, 1983.

徐卫东. 风云人物访谈录: 采访中国工程院院士朱之悌[J]. 商情周刊, 2000, (16/17): 8-11.

朱之悌, 林惠斌, 康向阳. 毛白杨B301等异源三倍体无性系选育的研究[J]. 林业科学, 1995, 31(6): 499-505.

朱之悌, 盛莹萍. 论树木的老化: 幼年性、成年性相互关系及其利用[J]. 北京林业大学学报, 1992, 14(增3): 92-103.

朱之悌, 张志毅, 赵勇刚. 毛白杨优树无性系繁殖方法的研究[J]. 北京林业大学学报, 1986, 8(4): 1-17

朱之悌. 毛白杨多圃配套系列育苗新技术研究[J]. 北京林业大学学报, 2002, 24(增刊): 4-33.

朱之悌. 毛白杨良种选育战略的若干考虑及其八年研究结果总结[M]// 林业部科技司. 阔叶树遗传改良. 北京: 科学技术文献出版社, 1991: 59-82.

朱之悌. 毛白杨遗传改良[M]. 北京: 中国林业出版社, 2006.

朱之悌. 全国毛白杨优树资源收集、保存和利用的研究[J]. 北京林业大学学报, 1992, 14(增3): 1-25.

朱之悌. 我国造纸国情的若干特点及其解决对策[J]. 中华纸业, 2001(12): 16-19.

朱之悌. 油橄榄选优的方法 [J]. 林业科学, 1979, 15(2): 105-110.

朱之悌. 油橄榄优树结实能力测定方法的研究[J]. 林业科技通讯, 1980, (1): 9-14.

BORRALHO N M G, DUTKOWSKII G W. Comparison of rolling front and discrete generation breeding strategies for trees[J]. Canadian Journal of Forest Research, 1998, 28(7): 987-993.

COTTREILL P P. The nucleus breeding system[C]// Proceedings of the 20th southern forest tree improvement conference, Charleston SC, 1989.

JAYAWICKRAMA K J S, CARSON M J. A breeding strategy for the New Zealand radiata pine breeding cooperative[J]. Silvae Genetica, 2000, 49(2): 82-90.

MCKEAND E, BEINEKE F. Sublining for half-sib breeding populations of forest trees[J]. Silvae Genetica, 1980, 29(1): 14-17.

MESKIMEN G. Realized gain from breeding Eucalyptus grandis in Florida[C]// STANDIFORD R B, LEDIG F T, Technical Coordinators. Proceedings of a work-shop on Eucalyptus in California, Sacramento CA, 1983.

NAMKOONG G. A multiple-index selection strategy[J]. Silvae Geneti ca, 1976(25): 199-201.

NAMKOONG G, KANG H C, BROUARD J S. Tree breeding: principles and strategies[M]. New York: Springer, 1988: 35-73.

NAMKOONG G. Introduction to quantitative genetics in forestry[M]. Washington D C: United States Department of Agriculture, Technical Bulletin No.1588, 1979: 90-95.

REDDY K V, ROCKWOOD D L. Breeding strategies for coppice production in a *Eucalyptus grandis* base population with four generations of selection[J]. Silvae Genetica, 1989, 38(3/4): 148-151.

ROSVALL O. Using Norway spruce clones in Swedish forestry: Swedish forest conditions, tree breeding program and experiences with clones in field trials[J]. Scandinavian Journal of Forest Research, 2019, 34(5): 342-351.

TALBERT J T. An advanced-generation breeding plan for the North Carolina State University-Industry pine tree improvement cooperative[J]. Silvae Genetica, 1979, 28(1): 72-75.

VAN BUIJTENEN J P, LOWE W J. The use of breeding groups in advanced generation breeding[C]// Proceedings of the 15th Southern Forest Tree Improvement Conference, Starkville MS, 1979.

WHITE T L, ADANS W T, NEALE D B. Forest genetics[M]. Cambridge: CABI Publishing, 2007.

ZOBEL B, TALBERT J. Applied forest tree improvement[M]. New York: John Wiley & Sons, 1984.

附录一　朱之悌年表

1929年	10月1日出生于湖南省长沙县青山铺村
1937—1943年	在抗日战争中坚持完成小学学习
1943年	考入长沙高仓中学进行初中学习
1947年	考入长沙广益中学进行高中学习
1949年	转入湖南省立长沙高级中学进行高中学习
1950年	高中毕业，考入武汉大学园艺系，后转入北京农业大学森林系林学专业学习
1952年	随班并入新成立的北京林学院林学专业学习
1954年	大学毕业并留校任教
1956年	加入中国共产党；经考试选拔获莫斯科林学院留学资格，开始为期1年的俄语培训
1957年	赴莫斯科林学院攻读林木育种副博士学位
1960年	与林惠斌女士结婚
1961年	完成《核桃嫁接成活机理和无性繁殖的研究》的学位论文答辩，获副博士学位，毕业回国
1963年	晋升为讲师，开展毛白杨生根抑制剂分离试验研究
1969年	随北京林学院迁址云南，先后搬迁到云南江边、丽江、下关参加劳动学习
1973年	随北京林学院招生复课集中到云南昆明楸木园校址，组建林木育种学生科研小组，开展毛白杨无性繁殖试验等研究
1978年	晋升为副教授，开始招收硕士研究生
1979年	北京林学院返京复校，负责组建林木遗传育种学科
1979—1994年	任中国林学会林木遗传育种分会常委、副主任
1980年	主持全国“数量遗传学在林木遗传育种中应用”主讲教师培训班
1982年	负责起草国家林木育种科技攻关立项论证报告；主持“七五”国家科技攻关专题“毛白杨优良基因资源收集、保存、利用的研究”；在北京召开第一次全国毛白杨协作组会议

1983年	在北京西山秀峰寺召开第二次全国毛白杨协作组会议
1984年	在河南郑州召开第三次全国毛白杨协作组会议
1985年	晋升为教授；在山东烟台召开第四次全国毛白杨协作组会议
1986年	被国务院学位委员会批准为全国林木遗传育种学科首位博士研究生导师；在山西大同杨树丰产林实验局召开第五次全国毛白杨协作组会议
1986—1994年	任林业部科技进步奖评委会评委
1986—1997年	任林业部科学技术委员会委员
1987—1991年	任国家科技进步奖、国家发明奖评委
1987年	“毛白杨优树快速繁殖方法的研究”获林业部科技进步二等奖；在山东冠县苗圃招考第六次全国毛白杨协作组会议
1988年	获林业部有突出贡献中青年专家、国务院黄淮海平原农区开发有突出贡献奖以及首届中国林学会陈嵘学术奖
1989年	“毛白杨优良基因资源收集保存利用研究”通过林业部科技成果鉴定
1990年	主编全国林业院校试用教材《林木遗传学基础》；在河北石家庄召开第八次全国毛白杨协作组会；随林业部考察团访问苏联莫斯科林学院
1991年	“毛白杨优良基因资源收集、保存、利用的研究”获林业部科技进步一等奖
1992年	获国务院政府特殊津贴；“毛白杨优良基因资源收集、保存、利用的研究”获林业部科技进步奖一等奖
1993年	“毛白杨短周期工业用材新品种选育”通过林业部科技成果鉴定；在甘肃兰州召开第九次全国毛白杨协作组会议
1994年	毛白杨研究所通过林业部教育司审批成立，任所长；“毛白杨多圃配套系列育苗技术”通过林业部科技成果鉴定
1995年	受邀在芬兰Tampere举行的IUFRO第20次国际林业大会做特邀报告；“毛白杨三倍体育种研究”列为“八五”国家科技攻关加强项目
1996年	“毛白杨多圃配套系列育苗技术”获林业部科技进步二等奖；与河南、山西等省林业厅签订三倍体毛白杨新品种推广协议

1997年	获国家科学技术委员会金桥奖；“毛白杨多圃配套系列育苗技术”国家科技进步奖二等奖；时任林业部副部长李育材等领导赴河北威县基地考察三倍体毛白杨
1998年	“八五”国家攻关加强专题“毛白杨三倍体育种研究”通过验收；时任国务院研究室副主任杨雍哲赴河北威县基地考察三倍体毛白杨
1999年	6个三倍体毛白杨新品种获国家植物新品种权证书；温家宝副总理就杨雍哲副主任“关于加速推广三倍体毛白杨的调查报告”作出批示；时任国家林业局副局长李育材主持召开三倍体毛白杨推广座谈会；三倍体毛白杨纸浆材新品种列入国家重点推广计划；当选中国工程院院士
2000年	接受主要刊载浆纸信息的《商情周刊》专访，提出“南桉北毛，黄河纸业”的三倍体毛白杨产业化设想；赴山东兖州指导太阳纸业三倍体毛白杨纸浆林建设
2001年	获何梁何利科学与技术进步奖；赴山东高唐指导泉林纸业三倍体毛白杨纸浆林建设；致信朱镕基总理，获朱镕基总理就关于三倍体毛白杨纸浆材新品种的来信做专门批示；国家林业局批拨付750万元专项经费用于“三倍体毛白杨良种区划及产业化栽培配套技术的研究”
2002年	组织成立“百万吨三倍体毛白杨纸浆原料林产业化协作组”，召开第一次会议，布置企业三倍体毛白杨纸浆林栽培试验；加入新成立的中国林纸企业家俱乐部
2003年	在山东兖州太阳纸业组织召开“百万吨三倍体毛白杨纸浆原料林产业化协作组”第二次会议并考察纸浆林基地
2004年	获首届国家林业科技贡献奖；“三倍体毛白杨新品种选育”获国家科学技术进步奖二等奖；指导在山东高唐泉林纸业组织召开“百万吨三倍体毛白杨纸浆原料林产业化协作组”第三次会议
2005年	1月22日因病于北京逝世
2006年	遗著《毛白杨遗传改良》出版
2008年	山东兖州太阳纸业化学机械浆生产线投产，生产出三倍体毛白杨木浆

附录二　朱之悌主要论著

[1] 朱之悌. 核桃杂交和无性繁殖试验(俄文)[M]. 莫斯科: 莫斯科林学院出版社, 1962.

[2] 朱之悌. 核桃嫁接成活的影响因子[J]. 园艺学报, 1962, 1(2): 109-116.

[3] 朱之悌. 核桃无性杂交方法的研究[J]. 林业科学, 1964, 9(2): 193-199.

[4] 朱之悌. 油橄榄选优的方法[J]. 林业科学, 1979, 15(2): 105-110.

[5] 朱之悌. 油橄榄优树结实能力测定方法的研究[J]. 林业科技通讯, 1980(1): 9-14.

[6] 朱之悌. 林木无性繁殖与无性系育种[J]. 林业科学, 1986, 22(3): 280-290.

[7] 朱之悌, 张志毅, 赵勇刚. 毛白杨优树无性系繁殖方法的研究[J]. 北京林业大学学报, 1986, 8(4): 1-17.

[8] ZHU Zhiti. Collection, Conservation and Breeding Studies of Genetic Resources of *Populus tomentosa* in China[C]. Proceeding of 18th Session of IPC AD HOC Committee of Poplar and Willow Breeding FAO, Rome, 1988: 51-58.

[9] 林惠斌, 朱之悌. 毛白杨杂交育种战略的研究[J]. 北京林业大学学报, 1988, 10(3): 97-101.

[10] 高金润, 朱之悌, 高克姝. 毛白杨组培茎段扦插的研究[J]. 北京林业大学学报, 1988, 10(4): 80-84.

[11] 李天权, 朱之悌. 白杨派内杂交难易程度及杂交方式的研究[J]. 北京林业大学学报, 1989, 11(3): 54-59.

[12] 朱之悌. 林木遗传工程进展[J]. 世界林业研究, 1989, 2(3): 43-47.

[13] 朱之悌. 林木遗传学基础[M]. 北京: 中国林业出版社, 1990.

[14] 朱之悌. 毛白杨良种选育战略的若干考虑及其八年研究结果总结[M]// 林业部科技司. 阔叶树遗传改良. 北京: 科学技术文献出版社, 1991: 59-82.

[15] 朱之悌. 森林基因资源收集、保存的要点和方法[J]. 世界林业研究, 1992(2): 13-20.

[16] 朱之悌. 全国毛白杨优树资源收集、保存和利用的研究[J]. 北京林业大学学报, 1992, 14(增3): 1-25.

[17] 朱之悌, 盛莹萍. 论树木的老化: 幼年性、成年性相互关系及其利用[J]. 北京林业大学学报, 1992, 14(增3): 92-103.

[18] 张志毅, 朱之悌, MÜLLER-STARCK G, HATTEMER H H. 毛白杨无性系同工酶基因标记的研究[J]. 北京林业大学学报, 1992, 14(3): 9-18.

[19] 张志毅, 朱之悌. 树木遗传工程的现状与前景[J]. 北京林业大学学报, 1992, 14(2): 84-89.

[20] 李新国, 朱之悌. 表型相关剖分模型及其在毛白杨育种中的应用[J]. 北京林业大学学报, 1992, 14(2): 17-22.

[21] 李新国, 续九如, 朱之悌. 林木田间试验适宜重复数和小区株数的研究[J]. 北京林业大学学报, 1993, 15(4): 103-111.

[22] 李新国, 朱之悌. 适地适基因型选择方法的研究[J]. 河北林果研究, 1994, 9(3): 195-199.

[23] 王琦, 朱之悌. 毛白杨优树无性系相关选择研究[J]. 林业科学研究, 1995, 8(1): 107-111.

[24] 王琦, 朱之悌. 林木无性系育种若干遗传参数估算的研究进展[J]. 林业科学, 1995, 31(6): 499-505.

[25] 朱之悌, 林惠斌, 康向阳. 毛白杨B301等异源三倍体无性系选育的研究[J]. 林业科学, 1995, 31(6): 499-505.

[26] 李新国, 朱之悌, 苏法旺, 张有慧. 毛白杨优树基因资源形态性状的遗传多样性研究[J]. 吉林林学院学报, 1996, 16(1): 14-18.

[27] 李新国, 朱之悌, 孙显林. 毛白杨优树选择原则和方法的研究[J]. 吉林林学院学报, 1996, 16(1): 8-13.

[28] ZHU Zhiti, ZHANG Zhiyi. The Status and Advances in Genetic Improvement of *Populus tomentosa* Carr[J]. Journal of Beijing Forestry University (English Ed.), 1997, 6(1): 1-7.

[29] ZHU Zhiti, KANG Xiangyang, ZHANG Zhiyi. Advances in the Breeding Program of *Populus tomentosa* in China[J]. Journal of Beijing Forestry University (English Ed.), 1997, 6(2): 1-8.

[30] ZHANG Zhiyi, LI Fenglan, ZHU Zhuti, KANG Xiangyang. Doubling Technology of Pollen Chromosome of *Populus tomentosa* and Its Hybrid. Journal of Beijing Forestry University (English Ed.)[J]. 1997, 6(2): 9-20.

[31] 张志毅, 朱之悌, 李凤兰. 毛白杨及其杂种花粉染色体加倍技术研究[C]// 林业部青年学术讨论会论文集. 北京: 中国林业出版社, 1997: 37-45.

[32] 康向阳, 朱之悌. 白杨2*n*花粉生命力测定方法及萌发特征的研究[J]. 云南植物研究, 1997, 19(4): 402-406.

[33] 段安安, 朱之悌. 白杨新杂种: 毛新杨×银灰杨嫩枝扦插繁殖技术的研究[J]. 西南林学院学报, 1997, 17(4): 1-8.

[34] 段安安, 朱之悌. 白杨新杂种: 毛新杨×银灰杨硬枝扦插繁殖技术的研究[J]. 北京林业大学学报, 1997, 19(1): 38-44.

[35] 杨敏生, 裴保华, 朱之悌. 水分胁迫下白杨无性系生理和生长的数量遗传分析[J]. 北京林业大学学报, 1997, 19(2): 50-56.

[36] 朱之悌, 康向阳, 张志毅. 毛白杨天然三倍体选种研究[J]. 林业科学, 1998, 34(4): 22-30.

[37] 张志毅, 朱之悌. 毛白杨三倍体新品种及其良种繁育与栽培技术[M]// 国家林业局科技司, 林业十大重点推广技术. 北京: 中国林业出版社, 1998: 1-15.

[38] 李新国, 段安安, 朱之悌. 毛白杨无性系年龄效应及根萌条幼化效果的初步研究[J]. 西南林学院学报, 1998, 18(2): 61-67.

[39] 段安安, 杨敏生, 朱之悌. 毛新×银灰双杂种无性系抗寒抗旱性的生理测定[J]. 云南林业科技, 1998(2): 27-31.

[40] 刘洪庆, 朱之悌. 毛白杨良种繁育技术的研究[J]. 内蒙古林学院学报, 1998, 21(2): 6-11.

[41] 李新国, 朱之悌. 林木基因型与地点最佳组合选择的研究[J]. 北京林业大学学报, 1998, 20(3): 15-18.

[42] 康向阳, 朱之悌, 张志毅. 毛白杨异源三倍体形态和减数分裂观察[J]. 北京林业大学学报, 1999, 21(1): 1-5.

[43] 康向阳, 朱之悌, 林惠斌. 杨树花粉染色体加倍有效处理时期的研究[J]. 林业科学, 1999, 35(4): 21-24.

[44] 康向阳, 朱之悌, 张志毅. 毛白杨起源的细胞遗传学研究[J]. 北京林业大学学报, 1999, 21(6): 6-10.

[45] 杨敏生, 裴保华, 朱之悌. 水分胁迫下白杨派双交无性系主要生理过程研究[J]. 生态学报, 1999, 19(3): 312-317.

[46] 郝贵霞, 朱祯, 朱之悌. 毛白杨叶片组培再生芽的玻璃化问题探讨[J]. 北京林业大学学报, 1999, 21(1): 68-71.

[47] 郝贵霞, 朱祯, 朱之悌. 转水稻巯基蛋白酶抑制剂基因毛白杨的获得[J]. 高技术通讯, 1999(11): 17-21.

[48] 郝贵霞, 朱祯, 朱之悌. 豇豆蛋白酶抑制剂基因转化毛白杨的研究[J]. 植物学报, 1999, 41(12): 1276-1282.

[49] 郝贵霞, 朱祯, 朱之悌. 毛白杨遗传转化系统优化的研究[J]. 植物学报, 1999, 41(9): 936-940.

[50] 李新国, 张继华, 张金凤, 张志毅, 朱之悌. 北京地区毛白杨雄株行道树新品种选育[J]. 北京林业大学学报, 2000, 21(6): 1-5.

[51] 张金凤, 朱之悌, 张志毅. 黑白杨派间杂交试验研究[J]. 北京林业大学学报, 1999, 21(1): 6-10.

[52] 张金凤, 张志毅, 朱之悌. 黑白杨派间杂种苗的形态学和同工酶研究[J]. 北京林业大学学报, 1999(3): 20-25.
[53] 张金凤, 朱之悌, 张志毅, 杜宁霞, 张力刚. 中介亲本在黑白杨派间杂交中的应用[J]. 北京林业大学学报, 2000, 22(6): 35-38.
[54] 张志毅, 于雪松, 朱之悌. 三倍体毛白杨无性系有性生殖能力的研究[J]. 北京林业大学学报, 2000, 22(6): 1-4.
[55] 康向阳, 朱之悌, 张志毅. 毛白杨花粉母细胞减数分裂及其进程研究[J]. 北京林业大学学报, 2000, 22(6): 5-7.
[56] 康向阳, 朱之悌, 林惠斌. 白杨不同倍性花粉的辐射敏感性及其应用[J]. 遗传学报, 2000, 27(1): 78-82.
[57] 康向阳, 朱之悌, 张志毅. 银腺杨与毛新杨正反交三倍体选育[J]. 北京林业大学学报, 2000, 22(6): 8-11.
[58] 康向阳, 朱之悌, 张志毅. 高温诱导白杨2*n*花粉有效处理时期的研究[J]. 北京林业大学学报, 2000, 22(3): 1-4.
[59] 郝贵霞, 朱祯, 朱之悌. 杨树基因工程进展[J]. 生物工程进展, 2000, 20(4): 6-10.
[60] 郝贵霞, 朱祯, 朱之悌. 转*Cp TI* 基因毛白杨的获得[J]. 林业科学, 2000, 36(专刊1): 116-119.
[61] 李云, 朱之悌, 田砚亭, 张志毅, 康向阳. 极端温度处理白杨雌花芽培育三倍体植株的研究[J]. 北京林业大学学报, 2000, 22(5): 7-12.
[62] 李云, 朱之悌, 田砚亭, 张志毅, 康向阳. 秋水仙素处理白杨雌花芽培育三倍体植株的研究[J]. 林业科学, 2001, 37(5): 68-74.
[63] 朱之悌. 毛白杨多圃配套系列育苗新技术研究[J]. 北京林业大学学报, 2002, 24(增刊): 4-33.
[64] 朱之悌. 我国造纸国情的若干特点及其对策[J]. 北京林业大学学报, 2002(5/6): 284-287.
[65] 杨敏生, 裴保华, 朱之悌. 白杨双交杂种无性系抗旱性鉴定指标分析[J]. 林业科学, 2002, 38(6): 36-42.
[66] 张志毅, 朱之悌. 毛白杨遗传改良[M]// 石元春. 20世纪中国学术大典(农业科学). 厦门: 福建教育出版社, 2002: 146-148.
[67] 朱之悌. 选育高新品种、缩短生长周期、建立短周期丰产人工林是我国林业迅速发展的出路[J]. 北京林业大学学报, 2002, 24(增刊): 48-50.
[68] 康向阳, 朱之悌. 论三倍体毛白杨在我国浆纸生产中的地位与作用[J]. 北京林业大学学报, 2002, 24(增刊): 51-56.
[69] 朱之悌. 向林纸产业快速迈进的三倍体毛白杨[J]. 中国林业产业, 2004(6): 15-16.

[70] 朱之悌. 三倍体毛白杨: 林纸企业产业化发展的重要途径[J]. 中国林业产业, 2004(10): 42-45.

[71] 朱之悌. 毛白杨遗传改良[M]. 北京: 中国林业出版社, 2006.

亲爱的朱院士：

亲爱的读者：

本书在编写过程中搜集和整理了大量的图文资料，但难免仓促和疏漏，如果您手中有院士的图片、视频、信件、证书，或者想补充的资料，抑或是想对院士说的话，请扫描二维码进入留言板上传资料，我们会对您提供的宝贵资料予以审核和整理，以便对本书进行修订。不胜感谢！

留言板

来信请寄：北京市西城区刘海胡同7号中国林业出版社316室 100009